普通高等教育“十四五”规划教材

能源化学工程专业实验

周满　王非　主编

中国石化出版社
·北京·

内 容 提 要

本教材包含“实验室安全”“能源化学工程专业实验设计”“能源化学工程专业实验教程”和“研究开发实验教程”四个部分，突出工程实验的特点，强调工程观念的培养，注重化工实验的共性问题。其中，能源化学工程专业实验教程包含三部分，共八个实验，可再生能源实验(实验一和实验二)、电化学实验(实验三和实验四)及新型催化实验(实验五至实验八)；研究开发实验教程包含三个实验(实验九至实验十一)。

本教材可作为高等院校能源化学工程、氢能科学与工程、资源循环科学与工程等专业学生的基础实验或专业实验课程教材，也可供有关部门的专业技术人员参考使用。

图书在版编目(CIP)数据

能源化学工程专业实验 / 周满，王非主编. — 北京：中国石化出版社，2025. 4. —(普通高等教育“十四五”规划教材). — ISBN 978-7-5114-7901-3

Ⅰ. TK01-33

中国国家版本馆 CIP 数据核字第 202514FA33 号

中国石化出版社出版发行

地址：北京市东城区安定门外大街 58 号
邮编：100011 电话：(010)57512500
发行部电话：(010)57512575
http://www.sinopec-press.com
E-mail：press@sinopec.com
河北宝昌佳彩印刷有限公司印刷
全国各地新华书店经销

*

787 毫米×1092 毫米 16 开本 5.5 印张 120 千字
2025 年 4 月第 1 版 2025 年 4 月第 1 次印刷
定价：25.00 元

前言
Preface

为适应能源化学工程专业教学改革的需要，贯彻“知识、能力和素质三位一体”的教学理念，培养“重基础，强能力、有特色”的工科技术人才，我们编写了《能源化学工程专业实验》。本教材内容包含“实验室安全”“能源化学工程专业实验设计”“能源化学工程专业实验教程”和“研究开发实验教程”四部分，其中，能源化学工程专业实验除了涵盖传统能源转化的一些基本实验项目外，还适当地编写了一些较新的实验技术及内容，特别是氢能及碳捕集、利用与封存(CCUS)相关实验，以便使学生们能够跟踪掌握能源化学工程行业的发展，培养其知识更新和技术创新的能力。

为了提高学生综合实验的设计和操作能力，本教材增加了一些研究开发实验项目，以便学生在实践中掌握例如生物发酵、氢能科学、工业催化等跨学科知识运用的能力。我们希望通过使用本教材，积累实践经验，为以后进行能源化学工程理论教学及实验融合教学打下基础。

本教材讲义在常州大学能源化学工程专业的实验教学中使用多年，参加编写的教师们长期从事实验教学工作，不断对该讲义进行修正、凝练和完善，积累了丰富的经验，最后形成了这本适合本专业使用的教材。

参加本教材编写工作的有周满、王非、张娜，实验室安全内容由周永生完成。全书由周满、王非统稿。

本教材涵盖面宽、内容精选、难易适度、简明适用，可供工科院校能源化学工程专业方向的大学本科生使用。

因知识水平所限，书中错误和缺点在所难免，恳请读者批评指正。

目录
Contents

第一章　实验室安全

第一节　实验室一般安全守则

（1）进入实验室必须遵守实验室的各项规定，严格执行操作规程，做好各类记录。保证实验室观察窗的可视性，门口需张贴安全信息牌，并及时更新相关信息。见图 1-1。

图 1-1　实验室常见安全信息牌及警示标志

（2）保持实验室整洁和地面干燥，及时清理废旧物品，保持消防通道通畅，便于开、关电源及防护用品、消防器材等的取用。

（3）实验进行中人员不得脱岗，进行危险实验时需有 2 人同时在场。

（4）进入实验室应了解安全隐患和应急方式，采取适当的安全防护措施。对实验室安全出口应该有清晰的认知，特别要明确安全喷淋设施设置位置，并知晓使用方法。见图 1-2。

（5）必须穿戴好实验服和防护用具。实验中按操作要求，佩戴必要的护目镜、面罩、防毒面具、防护手套、安全帽等。使用前，应确认其使用范围、有效期及完好性等，熟悉其使用、维护和保养方法。

（6）不得穿高跟鞋、凉鞋、拖鞋和带金属钉鞋进入实验区域，不得赤脚、穿丝袜进入实验区域，不得穿裙、七分裤、T 恤等暴露手腕和脚踝的衣服进入实验区域，不得长发垂肩进入实验区域。禁止在实验室内吸烟、进食、使用燃烧型蚊香、睡觉等，禁止放置与实验无关的物品。不得在实验室内追逐、打闹。不得携带打火机、火柴、香烟等易燃物进入实验区域。不得在实验区域内喝水、进食。

（7）对于特殊岗位和涉及特种设备的实验环节，需经过相应的培训，持证上岗。

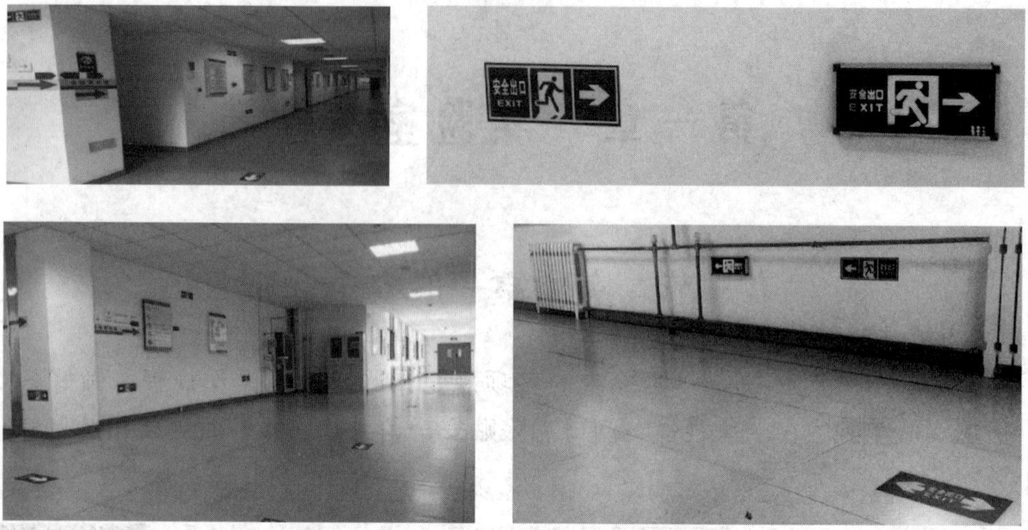

图 1-2　实验室安全出口标志(地面、墙面)

(8) 实验结束后，应及时清理；临时离开实验室，应随手锁门；最后离开实验室时，应关闭水、电、气、门窗等。

(9) 仪器设备不得开机过夜，如确有需要，须采取必要的预防措施。特别要注意空调、电脑、循环冷却装置等也不得开机过夜。

(10) 发现安全隐患或发生实验室事故，应及时采取措施，并报告实验室负责人。

第二节　压力气瓶安全使用常识

(1) 气瓶使用前，应进行安全状况检查，确认外观、标签、气瓶种类、气压、纯度等。严格按照有关安全使用规定正确使用气瓶，做好台账管理。

(2) 必须分类分处保管，直立放置时要固定稳妥，存放于阴凉、干燥、远离热源的地方，避免暴晒和剧烈震动。

(3) 易燃易爆气体和助燃气体的气瓶不得混放。实验室内不允许放置氢气等易燃气体。

(4) 存放易燃易爆、有毒气体的场所，须配备通风设施和合适的监控报警装置等，并张贴必要的安全警示标识。

(5) 大量惰性气体或二氧化碳存放在有限空间内时，需加装氧气含量报警器。

(6) 气瓶上选用的减压器要分类专用，安装时螺扣要旋紧，防止泄漏；开、关减压器和开关阀时，动作必须缓慢；使用时应先旋动开关阀，后开减压器；用完先关闭开关阀，放尽余气后，再关减压器，切不可只关减压器，不关开关阀。

(7) 可能造成回流的管路，压力气瓶上必须配置防止倒灌的装置。

(8) 搬动气瓶时，应用特制的担架或小推车，轻装轻卸，装上防震垫圈，旋紧安全帽，以保护开关阀，防止其意外转动和减少碰撞。

(9) 调换气瓶时，应按规定保留一定量气体，切不可完全用尽瓶内气体，以防重新充气时发生危险。

(10) 如果使用气体钢瓶及管路，须连接正确、有标识，选择合适且无破损或老化现象的管路材质，并定期进行气体泄漏检查。存在多条气体管路的房间需张贴详细的管路图。

第三节 实验室消防安全

1. 实验室常见火灾隐患

(1) 实验室管理不规范，存在违反安全防火制度的情况。如不遵守实验室管理规定使用明火、吸烟等引燃周围易燃物。

(2) 电源设置不合理，私拉乱接现象严重；使用接线板超过额定功率，造成短路；用电设备老旧，线路老化；用电设备使用完毕未及时断电，引发自燃；高温高压设备使用无人看守；突发情况等。

(3) 易燃易爆化学品储存或使用不当。

(4) 实验室未配备相应的灭火器材或者缺乏维护造成灭火器材失效。

(5) 实验室人员脱岗或缺乏消防技能，发生事故不能及时处理或初起火灾处置不当。

2. 燃烧基础知识

(1) 燃烧的定义

燃烧是指可燃物与氧化剂作用发生的放热反应，通常伴有火焰、发光和(或)烟气的现象。物质是否发生燃烧反应，可根据“化学反应、放出热量、发出亮光”这三个特征来判断。

(2) 燃烧的条件

可燃物、助燃物、引火源三要素同时具备，可燃物才能发生燃烧，为无焰燃烧的必要条件，缺一不可。

根据燃烧的链式反应理论，有焰燃烧过程中存在未受抑制的自由基作为中间体，因此需要具备可燃物、助燃物、引火源、链式反应四个要素。

3. 实验室火灾预防

(1) 实验室管理。实验室人员要严格执行“实验室十不准”，即：①不准吸烟；②不准乱放杂物；③不准实验时人员离岗、脱岗；④不准堵塞安全通道，遮挡消防设施；

⑤不准违规使用电热器；⑥不准违规私拉乱接电线；⑦不准违反操作规程；⑧不准将消防器材挪作他用；⑨不准违规存放易燃易爆药品、物品；⑩不准做饭、住宿。

（2）实验人员要清楚所用物质的危险特性和实验过程中的危险性。

（3）实验室防火门、疏散通道要保持畅通。

（4）易燃易爆钢瓶要用气瓶柜固定、隔离放置，并采取相应的防护措施。

（5）实验室内特殊的电气、高温、高压等危险设备必须有相应的防护措施，应严格按照设备的使用说明及注意事项使用。实验室人员要具备消防安全“四个能力”，即检查消除火灾隐患能力、组织扑救初起火灾能力、组织人员疏散逃生能力、消防宣传教育培训能力。

（6）实验人员在实验过程中不得脱岗，要随时检查实验仪器设备、电路、水、气及管道等设施有无损坏和异常现象，并做好安全检查记录。

（7）从事易燃易爆设备操作的人员必须经过专业培训，持证上岗。

（8）实验室必须配备消防基础设施；易燃、易爆、易制毒化学品、剧毒药品、毒麻药品等危险品应分类存放在保险柜内，严格执行“五双”管理制度；不得在室内食用、存放食品饮料；贵重物品不得在室内随意摆放。

（9）实验人员使用药品时，应了解药品的物理性质、化学性质、毒性及正确使用方法，严禁将化学性质相抵触的药品混装、混放。实验剩余的药品必须按规定处置，严禁随意乱放、丢弃进垃圾箱内或倒入下水道。要针对实验过程中可能发生的危险，制定安全操作规程，采取适当的防护措施，必要时应参考“物料安全性数据表”进行操作。

（10）严禁摆弄与实验无关的设备和药品，特别是电热设备。

（11）冰箱内不得存放易燃液体，普通烘干箱不准加温加热易燃液体。

（12）实验结束后，应对各种试验器具、设备和物品进行整理，并进行全面仔细的安全检查，清除易燃物，关闭电源、水源、气源，确认安全后方可离开。

（13）实验室未经批准、备案，不得使用大功率用电设备，以免超出用电负荷。

（14）实验室必须存放一定数量的消防器材且放置在便于取用的醒目位置，指定专人管理。

（15）全体人员要爱护消防器材，熟知其位置和使用方法，不得随意遮挡、挪用，并按照要求定期检查、更新。

（16）易燃物和强氧化剂要分开放置。

（17）进行加热或燃烧实验时，要严格遵守操作规程。

（18）使用易挥发的可燃物质时，实验装置要严密不漏气，严禁在燃烧的火焰附近转移或添加易燃溶剂。

4. 用电安全

(1) 电源、插座功率等需与仪器设备的功率匹配。

(2) 接线板不能串接、不能直接放在地面上，不得乱拉乱接电线。

(3) 电源插座或开关必须固定。

(4) 离开实验室时，必须关闭电源。

(5) 不得使用花线、木质配电箱或接线板、老化的电线。

(6) 多个大功率仪器不要共用一个接线板。

5. 火灾处理

(1) 火灾处理原则

① 初起火灾，应组织人员使用正确方法扑救，遵循“先控制、后消灭，救人第一，先重点、后一般”的原则。

② 火势蔓延失控时，应迅速撤离，并通知其他人有序撤离。

③ 当消防队抵达时，提供具体情况。确切的危险信息对于救援队至关重要。

(2) 火灾处理程序

击碎火警警报玻璃，启动警报，或口头通知起火建筑里面的人疏散人群。确保安全时使用灭火器灭火，关闭窗户、门，隔离区域，关闭起火区域的电源和设备。不可冒险，不能控制时，立即离开现场。

6. 火灾报警

(1) 拨打“119”火灾报警电话。

(2) 使用报警设施设备如报警按钮报警。

(3) 通过应急广播系统发布火警信息和疏散指示。

(4) 条件允许时，可派人至就近消防站报警。

(5) 使用预先约定的信号或方法报警。

7. 火灾扑救

根据建筑火灾温度随时间变化的特点，通常将建筑火灾发展过程分为四个阶段，即火灾初起阶段、火灾成长发展阶段、火灾猛烈燃烧阶段和火灾衰减熄灭阶段。最佳扑救期为火灾初起阶段，时间为 15min 以内，发现越早越容易扑灭。

8. 人身上着火处理办法

(1) 切勿奔跑。

(2) 最好脱下着火的衣服，俯伏及滚动身体灭火。

(3) 旁人应以厚重衣物或被子覆盖着火部位，拍打熄灭火焰。

9. 实验室常见火灾扑救方法

(1) 一旦失火，首先采取措施防止火势蔓延，应立即熄灭附近所有火源，切断电源，移开易燃易爆物品，并视火势大小，采取不同的扑救方法。

（2）在容器中(如烧杯、烧瓶、热水漏斗等)发生的局部小火，可用石棉网、密封盖或者灭火毯等盖灭。

（3）有机溶剂在桌面或者地面上蔓延燃烧时，不得用水冲，可撒上细沙或用灭火毯灭火。

（4）钠、钾等金属着火，通常用干燥的细沙覆盖。严禁用水灭火，否则会导致猛烈的爆炸，也不能用二氧化碳灭火器灭火。

（5）若衣服着火，切勿慌张奔跑，以免风助火势。化纤织物最好立即脱除。一般小火可用湿抹布、灭火毯等包裹使火熄灭。若火势较大，可就近用水龙头浇灭。必要时可就地卧倒打滚，防止火焰烧向头部，另外还可在地上压住着火处，使其熄灭。

（6）在反应过程中，若因冲料、渗漏、油浴着火等引起反应体系着火时，情况比较危险，处理不当会加重火势。扑救时必须谨防冷水溅在着火处的玻璃仪器上，必须谨防灭火器材击破玻璃仪器，造成严重的泄漏而扩大火势。有效的扑灭方法是用几层灭火毯包住着火部分，隔绝空气使其熄灭，必要时在灭火毯上撒些细沙。若仍不奏效，必须使用灭火器，由火场的周围逐渐向中心处扑灭。

第二章 能源化学工程专业实验设计

第一节 能源化学工程专业实验的设计背景

随着我国科技事业的不断推进，科技的发展特别是在能源方面发生了质的变化，产生了巨大的影响。无论是石油、天然气、水力等传统能源，还是太阳能、风能、生物质能等新能源，都受到了人们的广泛关注和研究。而能源化学工程作为一门新兴的学科，也日益得到重视，越来越多的高校开设了能源化学工程类专业。能源化学工程类专业实验作为实践教学中的关键部分，旨在将能源化学工程知识应用到实践当中，发挥出最大的效用，以此来促进能源的可持续发展。实验教学的设计首先要让学生掌握这门学科的基本理论和实践技能，突出实验教学和理论课程之间的关联度，让学生具备独立分析解决能源化学工程问题的能力。同时，让学生具备一定的团队合作意识，能够做好团队协作，提高工作效率。

第二节 能源化学工程专业实验的内部关系

实验教学项目清单及内部关系详见表 2-1。

表 2-1 实验教学项目清单及内部关系

序号	所属产业	实验项目	相互组合构建综合实验
1	可再生能源	生物柴油的制备	1+2(生物柴油预处理吸附剂)
2		生物基碳材料的制备及吸附性能测试	2+5(产氢催化剂载体的合成)
3	新型储能	液流电池实验	3+4(两种电池形式原理对比)
4		直接甲醇燃料电池性能测定	
5	工业催化	光催化制氢	2+5(产氢催化剂载体的合成)
6		甲醇制烯烃	6+9+11(工业催化剂的制备)
7		电解水制氢	7+5(两种产氢方式综合比较)
8		CO_2电还原制合成气	8+10(厌氧发酵与CO_2捕捉)
9	芳烃利用	原位溶胶-凝胶法制备镍基催化剂及苯加氢制备环己烷	6+9+11(工业催化剂的制备)
10	食品工程	啤酒酿造实验	8+10(厌氧发酵与CO_2捕捉)
11		Kolbe 法合成水杨酸	6+9+11(工业催化剂的制备)

第三章　能源化学工程专业实验教程

实验一　生物柴油的制备

一、实验目的

1. 掌握以植物油为原料，碱为催化剂，通过脂交换制备生物柴油的工艺。
2. 了解分析生物柴油基本物化性能的方法。

二、实验原理

生物柴油是生物质能的一种，有较大的应用前景。生物柴油是含氧量极高的复杂有机成分的混合物，这些混合物主要是一些分子量大的有机物，几乎包括所有种类的含氧有机物，如酯、醚、醛、酮、酚、有机酸和醇等。复合型生物柴油是以废弃的动植物油、废机油及炼油厂的副产品为原料，再加入催化剂，经专用设备和特殊工艺合成。生物柴油是由植物油或动物油、食用废油等原料与甲醇经过酸（或碱）催化发生酯化反应，产物再经处理而合成的。

1. 酯交换反应

$$\begin{array}{l} CH_2COOR_1 \\ | \\ CH_2COOR_2 \\ | \\ CH_2COOR_3 \end{array} + 3CH_3OH \longrightarrow \begin{array}{l} CH_2OH \\ | \\ CHOH \\ | \\ CH_2OH \end{array} + CH_3OOR_1 + CH_3OOR_2 + CH_3OOR_3$$

2. 影响本反应的因素

（1）水含量的影响

本均相催化法采用强碱 NaOH 作为催化剂，操作简单，反应容易控制；但是对原料中游离脂肪酸和水的含量要求较高，因为在反应中，水的存在会减弱催化剂的活性，且游离脂肪酸会与碱发生酯化反应，进而发生皂化反应而造成反应失败。因此严格控制投料和反应过程中的含水量是本实验的关键。

（2）反应温度的影响

酸催化制备生物柴油不存在皂化的问题，但是存在反应时间长、反应温度高的缺点，因此本实验选择氢氧化钠作为催化剂。经过计算，酯交换反应焓值 ΔH 略大于 0，并基本不随温度变化，印证了酯交换反应的反应热较小，温度对于平衡的影响不大的结论。但是温度过高副反应增加，能耗增大，设备材质要求增加，故应控制较低的反应温度。本实验的反应适宜温度为：60~70℃。

三、实验装置及流程

生物柴油制备的实验装置包括釜式搅拌装置、固定床反应装置、管式反应装置、酸中和罐、水洗罐、油水分相器、计量装置和冷却系统、温度控制系统、原料与成品储罐、加料泵、计算机采集系统等。该套装置的运行可给今后放大工业设计提供可靠的实验数据，具有很大的实用价值。反应流程以及主要装置参数见图 3-1、表 3-1。

图 3-1 生物柴油反应装置流程示意图

1—油料罐；2—催化剂罐；3—反应釜；4-1—甲醇储罐(收集)；4-2—甲醇储罐(存储)；5—分相罐；6—水洗中和罐；7—轻相罐；8—水相罐；9—重相罐；10—甲醇收集器

表 3-1 主要设备名称以及型号

序号	主要设备名称	规格型号	数量
1	油料罐	50L，1Cr18Ni9Ti	1
2	催化剂罐	ϕ168×280mm，5L，1Cr18Ni9Ti	1
3	反应釜	10L，1Cr18Ni9Ti	1
4-1	甲醇储罐(收集)	20L，1Cr18Ni9Ti	1
4-2	甲醇储罐(存储)	ϕ273×290mm，10L，1Cr18Ni9Ti	1
5	分相罐	ϕ273×290mm，10L，玻璃	1
6	水洗中和罐	ϕ273×290mm，10L，1Cr18Ni9Ti	1
7	轻相罐	ϕ273×290mm，10L，1Cr18Ni9Ti	1

续表

序号	主要设备名称	规格型号	数量
8	水相罐	ϕ273×290mm，10L，1Cr18Ni9Ti	1
9	重相罐	ϕ273×290mm，10L，1Cr18Ni9Ti	1
10	甲醇收集器	ϕ168×280mm，5L，1Cr18Ni9Ti	1

四、实验步骤及方法

1. 工艺条件控制

粗油罐中原料油预热到40~50℃，反应釜温度设置在65℃，原料油：甲醇：氢氧化钠=100：40：1(质量比)，相当于原料油加料2200mL，溶剂甲醇投料1010mL，催化剂NaOH加入20g。

2. 操作步骤

(1) 了解并熟悉实验装置及流程，搞清物料走向及加料、出料方法。

(2) 开车前的准备工作：电路检查，打开总电源；打开测温开关，观察所有测温点是否显示正常。

(3) 打开各罐的搅拌开关，调整转速至200r/min左右，观察有无异常声音，运行平衡后停止搅拌；打开测温开关，观察所有测温点是否显示正常。

(4) 物料准备

原料油：将植物油原料2200mL放入油罐内，并盖好上盖，接好出入管路待用。如果室温较低，油品过分黏稠，需加热(保持在40℃左右)后再倒入罐内以保证其具有较好的流动性。

甲醇：甲醇使用购买的分析纯药品，实际真正生产时可以和回收的甲醇一起使用。溶剂甲醇总计投料1010mL，分4次加入催化剂罐中，每次加入甲醇时需溶解部分氢氧化钠(5g)，直至将20g氢氧化钠催化剂全部溶解完毕。加入过程中一人由楼梯上二层，缓慢从加料口分批次加入(注意眼部防护)。加料完毕后打开搅拌，稳定在100~120r/min。

(5) 将物料按比例打入预反应器，当反应器的液面升到一定高度时，停止加料，开启搅拌和升温电源，调节好转速与温度给定(反应釜温度设定为70℃)，使温度升至所需值，并保持一定时间(最终稳定温度控制在65℃)。升温的同时打开直管回流冷凝器的冷却水开关，调节流量在0~60L/h，任意取值；温度稳定后的反应时间约2h。

(6) 打开甲醇收集阀门观察有无甲醇流出，如果有甲醇流出，要加大冷却水的流量。在到达规定时间后，关闭直管回流冷凝器的冷却水开关，打开后部的冷却器冷却水的阀门，这时甲醇不再回流，而被连续采出。

(7) 将脱甲醇后的液体送至分相器，这时上层油为生物柴油和少量甲醇，而下层为未反应油、甘油或其他钠盐等。要分别进行水洗与酸中和处理。

(8) 当分相后的上层油经酸洗、中和后，分层除去重相，将轻相放至储罐内，即为产品生物柴油。

五、实验数据记录与处理

1. 原始记录

实验要求对中试原料的投入进行质量记录，称量统一保留小数点后一位(即使用精度 0.1g 的天平进行称量)，以便后续完成转化效率的计算(选做)。记录表格见表 3-2 和表 3-3。

表 3-2　投料与产品质量记录

甲醇投料/g	氢氧化钠投料/g	原料油投料/g	生物柴油(轻组分)/g

表 3-3　反应釜温度数据即时记录

时间									
反应釜温度/℃									

2. 生物柴油产品性能评价

(1) 闪点的测定

闪点，是在规定的试验条件下，使用某种点火源造成液体汽化而着火的最低温度。闪燃是液体表面产生足够的蒸气与空气混合形成可燃性气体时，遇火源产生一闪即燃的现象。闪燃的最低温度称为闪点。

闪点有两种：开口闪点(GB/T 3536—2008)和闭口闪点(GB/T 261—2021)(或者称为开杯闪点、闭杯闪点)。一般轻质油品测定闭口闪点，而重质油品测定开口闪点。

(2) 凝点的测定

凝点，是指油品试样在规定条件下冷却到液面不流动时的最高温度，又称凝固点。柴油低温流动性差，则会造成柴油不能顺畅地供往汽缸，严重时，甚至无法使车辆正常行驶。同时柴油的低温流动性能也与低温下的燃料储藏、运输等有着密切的关系。柴油的牌号就是以凝点命名的。测定方法按 GB/T 510—2018《石油产品凝点测定法》进行。

六、结果及讨论

将生物柴油产品的性能与轻柴油的质量指标进行比较并讨论。

七、思考题

1. 简述国内生物柴油生产的现状。
2. 由植物油制备生物柴油的反应机理是什么？

实验二　生物基碳材料的制备及吸附性能测试

一、实验目的

1. 熟悉并掌握生物质热解的基本过程。
2. 掌握实验室管式热解炉的工作原理和方法；掌握热解过程及其控制方法和热解产物的相关概念。
3. 学习碳材料吸附性能的表征方法。

二、实验原理

近几年，生物质碳材料被广泛应用于环境、超级电容器、储能和电催化等领域。相比于传统的炭黑，生物质碳材料具有更大的比表面积、特殊的孔隙结构，有利于金属纳米催化剂的分散和反应过程中电子的转移，可以很好地应用于电化学领域。目前大多数生物质碳材料被应用于吸附等领域。例如：超级电容器、直接甲醇燃料电池、光催化CO_2转化等。生物质通过热化学过程转变成生物燃料或其他生物产物要经过三个阶段：裂解过程、碳化过程和气化过程。生物质炭是通过在缺氧环境和300~700℃条件下裂解生物质得到的，碳化装置如图3-2所示。

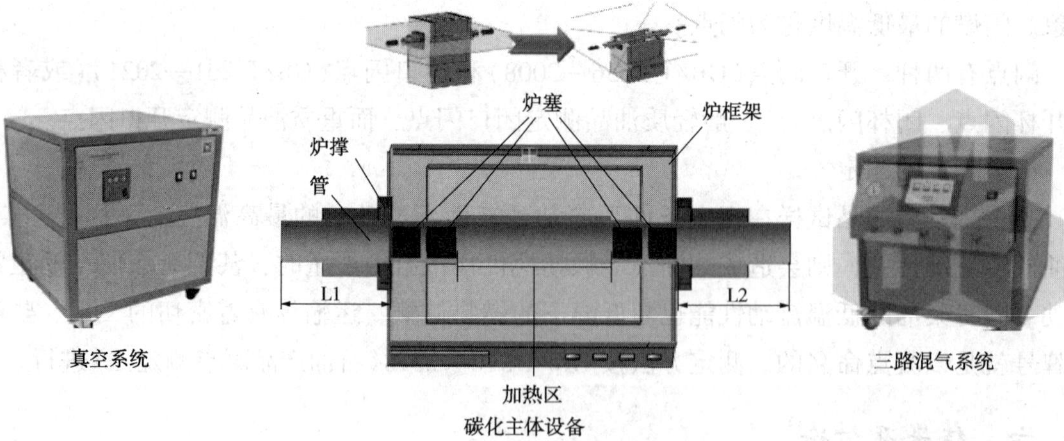

图3-2　碳化过程所使用的合成装置示意图

生物质炭表面含有丰富的有机官能团，如—COOH 和—OH 等，其表面一般带负电荷，它对有机污染物和重金属等均具有良好的吸附性能。生物质炭对染料也表现出很好的吸附性能，但目前缺少不同原料制备的生物质炭对染料吸附效果的比较，对生物质炭吸附染料的机制也不完全清楚。生物质炭的原料丰富、成本低廉，具有广阔的应用前景。活性炭具有更大的比表面积、高度发达的孔隙结构、优良的机械物理性能和吸附能力。例如常见的活性炭吸附，就是利用活性炭的固体表面对水中一种或多种物质的吸附能力，以达到净化水质的作用。在水处理领域，活性炭吸附通常作为饮用水深度净化和废水的三级处理，以除去水中的有机物。活性炭的吸附作用产生于两个方面：一个是活性炭内部分子在各个方向都受着同等大小的力，而在表面的分子则受到不平衡的力，这就使其他分子吸附于其表面上，此为物理吸附；另一个是活性炭与被吸附物质之间的化学作用，此为化学吸附。活性炭的吸附是上述两种吸附综合作用的结果。

如果在一定压力和温度条件下，用 m 表示生物质碳的投加质量，被吸附的亚甲基蓝的质量为 x，则单位质量的生物质碳吸附溶质的数量 q_e 为

$$q_e = x/m = (c_0 - c) \times v/m$$

式中 c_0——亚甲基蓝溶液的初始浓度，mg/L；

c——吸附完成后亚甲基蓝溶液的浓度，mg/L；

v——吸附的亚甲基蓝溶液的体积，L；

m——生物质碳的投加量，mg。

三、仪器和试剂

1. 仪器和材料

冷冻干燥机、磁力搅拌器、磁子、分析天平（精度 0.1mg）、分光光度计；管式炉；100mL 量筒、100mL 容量瓶、100mL 烧杯、移液管、5mL 注射器、针筒式滤膜过滤器、1cm 比色皿、称量纸。

2. 试剂

细菌纤维素、亚甲基蓝、液氮、高纯氮。

四、实验步骤

1. 生物质碳材料的制备

（1）生物质的预处理

首先将细菌纤维素制成边长为 1cm 的小方块，倒入液氮预冷冻为固体。然后将预冷冻后的细菌纤维素放入冷冻干燥机中冷冻干燥 24h。

(2) 生物质热解过程

生物质热解实验装置如图 3-3 所示，具体操作步骤如下：

① 称取 0.5g 细菌纤维素放入瓷舟中；

② 将瓷舟放入管式炉中适宜位置；

③ 检查整个系统的气密性；

④ 打开真空泵，抽空系统中的空气；

⑤ 用气瓶中高纯氮气对整个密闭系统进行吹扫，以保证反应在无氧条件下进行；

⑥ 按照 5℃/min 的升温速率升到预定温度 500℃；

⑦ 热解过程中产生的气体经过气体收集过滤装置 9~11 进行收集；

⑧ 燃烧完毕后，取出热解后的细菌纤维素放入干燥器中待用。

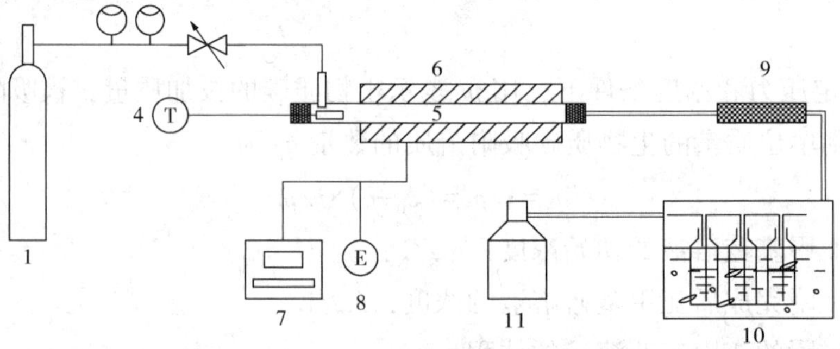

图 3-3　生物质热解实验装置

1—气瓶；2—流量计；3—流量计；4—热电偶和瓷舟；5—石英管；6—管式炉；7—温度控制器；8—电源；9—过滤器；10—冷却收集系统；11—气体收集装置

2. 生物质碳材料的测试(亚甲基蓝吸附性能)

(1) 标准曲线的绘制

① 配制 50mg/L 的亚甲基蓝标准溶液：称取 0.01g 亚甲基蓝(精确至 0.0001g)，用蒸馏水溶解后移入 200mL 容量瓶中，并稀释至刻度。

② 用移液管分别移取亚甲基蓝标准溶液 2.0mL、5.0mL、10.0mL、15.0mL、20.0mL 于 100mL 容量瓶中，用蒸馏水稀释至刻度，摇匀，以蒸馏水为参比，在波长 664nm 处，用 1cm 比色皿测定吸光度，以亚甲基蓝含量为横坐标，以吸光度为纵坐标，绘制标准曲线。

(2) 生物质碳吸附亚甲基蓝实验步骤

① 准确移取 50mg/L 的亚甲基蓝溶液 50.0mL 于 250mL 的容量瓶中，用蒸馏水定容，得到 10mg/L 的亚甲基蓝溶液。

② 称取 10mg、15mg、20mg、25mg 的生物质碳分别置于 4 个 100mL 烧杯中，精确至 0.0001g，并准确移取 10mg/L 的亚甲基蓝溶液 50.0mL，待试样全部湿润后，立即置

于磁力搅拌器上，在 500r/min 转速下搅拌 30min，然后用注射器取上清液过滤。

③ 将滤液置于 1cm 的比色皿中，用分光光度计在波长 664nm 下测定吸光度。

五、数据记录与处理

数据记录于表 3-4 和表 3-5。

表 3-4　亚甲基蓝浓度与吸光度的关系(绘制标准曲线)

浓度/(mg/L)	0	1.0	2.5	5.0	7.5	10.0
吸光度 A						

表 3-5　生物质碳的吸附性能

细菌纤维素质量/mg	吸光度 A	原亚甲基蓝浓度 c_0/(mg/L)	吸附平衡后亚甲基蓝浓度 c/(mg/L)	亚甲基蓝的体积/L	亚甲基蓝吸附量/(mg/mg)
10					
15					
20					
25					

六、思考题

1. 改变热解温度，实验过程现象有无变化，产物有无区别？
2. 生物质碳的吸附性能受哪些因素的影响？

实验三　液流电池实验

一、实验目的

1. 学习如何查阅中英文文献，了解液流电池的基本原理和研究热点。
2. 掌握评价液流电池电活性材料和全电池性能的基本方法。
3. 了解影响液流电池材料性能的基本因素。

二、实验原理

太阳能、风力和潮汐能等清洁的可再生能源蕴量巨大，对环境影响很小。但是这类能源有一些先天的限制，比如明显的地域性和电力不稳定性，因而需要高效率的电化学储能设备来调节。液流电池(Redox Flow Battery)是近些年发展的一种新型的电化学储能技术(图 3-4)，通过反应性的电活性物种的价态转换实现电能与化学能相互转换和能量存储。与传统的固体电极电池不同，液流电池是通过液体电解质而不是固体电极储存化学能。通过泵使电解质在电池系统内部循环，所溶解的电活性物种在不同区域氧化或还原，从而实现充电和放电。由于电化学反应场所(电极)与储能的电活性物种在空间上是分离的，液流电池的功率与容量设计是解耦的，从而可以满足大规模蓄电储能的需求。

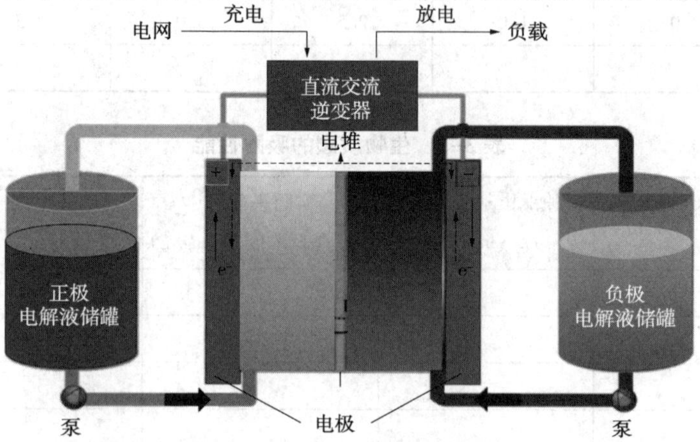

图 3-4　液流电池的示意图

由于水系电解质具有高的导电性能，易于纯化，成本低廉和安全环保等优势，因此当前绝大多数液流电池是基于水介质的。氧化还原电极作为液流电池中用于储能的活性物种，是影响液流电池性能的最主要因素。目前用于液流电池的电极反应大多为无机体系，其中全钒体系是研究最多也最为成功的体系。如图 3-4 所示，全钒体系的正极使用钒的氧化物离子，负极直接使用钒离子。为保持电荷平衡，中间用仅让质子通过的电解质膜隔开，以调控两极电荷的中性。充电时负极的 V(Ⅲ)转变为 V(Ⅱ)，减少的正电荷由质子从正极渗透过来补足。由于正负极的活性物质为同种元素，消除了活性物质交叉污染的问题。但是由于受到正极的 VO^{2+}溶解度较低的限制，相较于锂离子电池，全钒液流电池的能量密度偏低。而且 VO^{2+}的溶解度与温度呈负相关，随温度升高会有 V_2O_5沉淀析出，导致工作温度局限在 10～40℃。相比于负极的 V(Ⅲ)/V(Ⅱ)电对，正极的 V(Ⅴ)/V(Ⅳ)电对具有较大的电化学不可逆性。此外，全钒液流电池的发展受到钒元素稀缺性的影响。

相对数目较少的无机电活性材料，有机材料不仅种类繁多，而且更为重要的是，有机材料在结构上具有可设计性，即通过“母体”选择和官能团裁减可以方便地调控电极电位、动力学参数和溶解度等重要性质。通过有机途径合成电活性物种使液流电池的氧化还原化学不再受到元素周期表中无机元素数目有限的限制。此外，有机材料易于回收处理，符合当前绿色环保要求。

三、仪器和试剂

1. 仪器

不锈钢手套箱、真空干燥箱、模拟池测试单池(Fuel cell technology 公司)、双泵头蠕动泵、充放电仪(深圳新威)、氮气钢瓶、pH 计、电子天平、电化学工作站、铂片电极($1\times2cm^2$)、饱和甘汞电极、氧化汞电极、阳离子交换膜、Toray 碳纸、量筒、剪刀、镊子、特氟龙垫片。

2. 试剂

二羟基蒽醌、亚铁氰化钾、异丙醇、KOH，分析纯。

四、实验步骤

1. 实验准备

(1) 碳纸的预处理

裁取大小为 2.5cm×2.5cm 的碳纸，共 4 片，放入异丙醇和水(1∶1)的混合溶液中，超声清洗 10min，清洗干净，然后浸没于浓硫酸和浓硝酸(3∶1)的混合溶液中，水浴 40℃加热处理 0.5h，最后洗净至中性，再保存在去离子水中，备用。

(2) 阳离子交换膜的预处理

将 Nafion 112 膜放入预先配制好的 5%双氧水溶液中，水浴 80℃加热处理 1h，冷却至室温，换成去离子水 60℃加热 0.5h，接着在 0.5mol/L 的硫酸溶液中 80℃下加热 1h，整个过程 Nafion 112 膜要完全浸没，最后用去离子水洗净至中性后，放在水中保存，备用。

(3) 电解液的配制

阳极电解液为 0.05mol/L 的二羟基蒽醌溶解于 1mol/L KOH 得到的溶液，阴极电解液为 0.1mol/L 的亚铁氰化钾溶解于 1mol/L KOH 得到的溶液。

2. 实验步骤

(1) 组建液流电池

液流电池测试池硬件两侧均装有两块蛇形流道石墨板。预处理的碳纸用作阳极和阴极，电极面积为 $5cm^2$。预处理的 Nafion 112 膜夹在阳极和阴极之间。用硅橡胶垫圈密封两个石墨流板之间的空间以避免液体泄漏。通过耐腐蚀的特氟龙管，使用蠕动泵以 60mL/min 的流量在电解液储罐和测试电池之间循环阳极电解液和阴极电解液。使用的阳极电解液和阴极电解液的体积均为 10mL。充电截止电压为 1.5V，放电截止电压为 0.5V。组装后的液流电池置于不锈钢手套箱中，并检查系统的氧和水的含量。

(2) 不同充电态下开路电压的测定

以恒定电流将电池充满，读取相应的充电时间 t 和开路电压，以相同的电流放电分别至 $0.2t$(即 80%充电态 SOC)，$0.4t$(即 60%充电态 SOC)，$0.6t$(即 40%充电态 SOC)，

0.8t(即20%充电态SOC)和t(即0%充电态SOC，完全放电态)时，读取相应的开路电压。

(3)极化曲线的测定

液流电池的极化曲线在荷电状态(SOC)为100%时通过电流扫描测量得到，扫速设置为20mA/s。

(4)倍率性能测试

通过在不同的充放电电流密度下执行恒电流充放电循环测试，得到电位与时间关系图，进一步计算得到放电比容量。通过绘制放电比容量与电流密度之间的关系图，评价液流电池的倍率性能。

(5)恒电流充放电循环测试

选择合适的充放电电流密度，充电截止电压为1.5V，放电截止电压为0.5V，在充放电仪上执行恒电流充放电循环测试，得到电位与时间关系图。一般循环圈数为10。计算每个循环的库伦效率、电压效率、能量效率、容量保持率和电活性物种的利用率。

五、数据记录与处理

1. 不同充电态下开路电压的测定

将不同SOC下的开路电压记录于表3-6。

表3-6 不同SOC下的开路电压

SOC	100%	80%	60%	40%	20%	0%
开路电压/V						

绘制开路电压与SOC的关系图。

2. 极化曲线的测定

绘制液流电池的极化曲线，计算峰值功率密度。

3. 倍率性能测试

(1)绘制电位与时间关系图。

(2)计算放电比容量：放电比容量(Ah/L)=电流×时间/3.6/电解液体积(电解液体积为10mL)。

不同电流下电池的充放电性能数据见表3-7。

表3-7 不同电流下电池的充放电性能数据

电流/mA	充电截止电压/V	放电截止电压/V	充电时间/s	放电时间/s	放电比容量/(Ah/L)
50	1.5	0			
100	1.5	0			
200	1.5	0			
250	1.5	0			
300	1.5	0			

然后绘制放电比容量与电流密度之间的关系图，并评价液流电池的倍率性能。

4. 恒电流充放电循环测试

将不同循环圈数下电池的充放电性能数据记录于表3-8。

表3-8 不同循环圈数下电池的充放电性能数据

循环圈数	库伦效率	电压效率	能量效率	容量保持率	材料利用率
1					
2					
3					
4					
5					
6					
7					
8					
9					
10					

表3-8中，库伦效率=放电时间/充电时间；电压效率=放电平均电压/充电平均电压；能量效率=库伦效率×电压效率；容量保持率=后一圈放电时间/前一圈放电时间；材料利用率=放电时间/理论放电时间。充电截止电压1.5V；放电截止电压0.5V。

六、思考题

1. 本实验为何将充电截止电压设置在1.5V，更高的充电电压有何影响？
2. 影响电池的库伦效率的因素有哪些？

实验四 直接甲醇燃料电池性能测定

一、实验目的

1. 通过参与直接甲醇燃料电池性能测试实验，认识直接甲醇燃料电池这一前沿的燃料电池技术分支，了解直接甲醇燃料电池的基本构造和运行原理。
2. 学习并掌握燃料电池专用电子负载测试方法。
3. 认识甲醇浓度对直接甲醇燃料电池放电性能的影响。

二、实验原理

燃料电池是绿色环保、可再生的发电技术。常用阳极燃料可以是氢气、甲烷、一氧化碳、甲醇、乙醇、甲酸等小分子物质，而燃油、煤油等需要重整处理。阴极所用的氧化剂一般为纯氧或者空气。

氢气与氧气(空气中的)反应生成洁净水并释放出电能的装置即为质子交换膜燃料电池。它以全氟质子交换膜为电解质，以 Pt 基材料为电催化剂。采用质子交换膜电解质较液态电解质具有很多优点：不仅克服了液态电解质易泄漏流失和腐蚀性强的缺点，还使得燃料电池系统的结构更简单，维护更简便，从而适用场合更广。虽然氢气是一种高燃烧性气体，但由于其沸点仅为-253℃，无论是采用压缩还是液化的方法，对储氢材料的要求都相当苛刻。存储氢气的能耗大，需要维持在低温、高压条件下，且易发生泄漏。所以，储氢问题一直都是质子交换膜燃料电池发展道路上的最大障碍。

随着技术的发展，质子交换膜燃料电池的燃料从单一的氢气演化为多种燃料，其中甲醇是最为典型的低碳燃料。基于与氢-氧(空气)质子交换膜燃料电池类似的原理，直接甲醇燃料电池可以直接使用甲醇溶液为燃料。由于不需要甲醇的重整制氢过程，直接甲醇燃料电池的操作方便且安全环保，在应用上显示出了比传统氢-氧(空气)质子交换膜燃料电池更大的优势。在移动电源和便携式电源领域，直接甲醇燃料电池已显现出非常广阔的应用前景。直接甲醇燃料电池工作原理如图 3-5 所示，在工作过程中，阳极的甲醇水溶液和阴极的氧气分别沿集流板的流场通道，经扩散层到达催化层进行电化学反应。甲醇在催化剂作用下被氧化产生质子、电子和二氧化碳气体。质子形成水合离子的形式穿越质子交换膜到达阴极，电子从外电路经过负载做功后达到阴极，质子和电子在催化剂作用下还原氧气生成水，以蒸汽或者液体形式从阴极出口排出；二氧化碳气体从阳极出口排出。

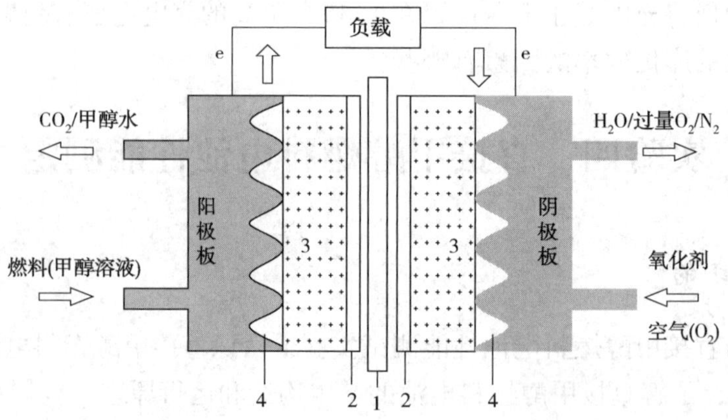

图 3-5　直接甲醇燃料电池的工作原理图

1—质子交换膜；2—催化层；3—扩散层；4—极板流场

三、仪器和试剂

电池夹具、膜电极、单电池硅胶垫片、50mL 离心管、离心管架、扭矩扳手、5mm

的六角扳手、烧杯、螺帽套。

无水甲醇(配制成 1mol/L、2mol/L 和 3mol/L 的甲醇溶液)、去离子水。

四、实验步骤及方法

1. 燃料电池的安装

准备夹具，拧下一面的螺丝，取下上部分电极板。

撕掉硅胶垫片上的保护膜，套在电池夹具上，用镊子夹取膜电极，放在反应区域中(**注意：进甲醇溶液一侧为阳极，催化剂铂一侧贴着这一面，即写有“铂”字样的一侧朝上**)，然后撕掉另一片硅胶垫的保护膜并套在夹具上，装上阴极板。

拧上夹具上的螺丝，用扭矩扳手和六角扳手对角拧紧螺丝，最后在电池下面一排三个螺帽上安装螺帽套。

2. 甲醇燃料电池的连接

如图 3-6 所示，图 3-6 左图 1 和 2 分别为电池正负极接口，接在图 3-6 右图电池 1、2 极耳位置，螺母侧极耳为正极。图 3-6 左图 3 为加热控制接口，接在图 3-6 右图 3 的位置，通过图 3-6 左图控制器 7 可控制电池温度，前端按键设置加热温度，8 为加热控制器的电源，通电即开始加热。图 3-6 左图 4 为进液口，与图 3-6 右图电池接口 4 相连；图 3-6 左图接口 5 为出液口，与图 3-6 右图 5 接口相连。图 3-6 左图 6 为进气口，与图 3-6 右图电池接口 6 相连。

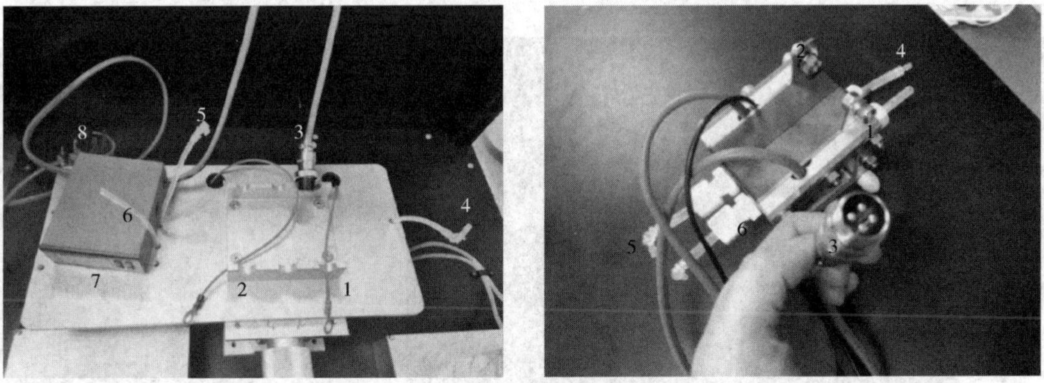

图 3-6 甲醇燃料电池的连接

3. 气、液连接与控制

如图 3-7 所示，操作平台左侧 1 为气体泵机控制盒，旋转控制盒前端黑色旋钮为气体开关，顺时针轻轻旋转打开气体泵机，逆时针轻轻旋转到底则关闭气体泵机，通过气体流量计 2 上的黑色旋钮可精准调节气体流量(控制在 600～1000mL/min 范围内)(1 上旋钮无法精准调节气体流量，使用只需顺时针轻轻小幅度旋转打开气泵即可)。

将进液管和回流管插入甲醇溶液中(长进短出)。

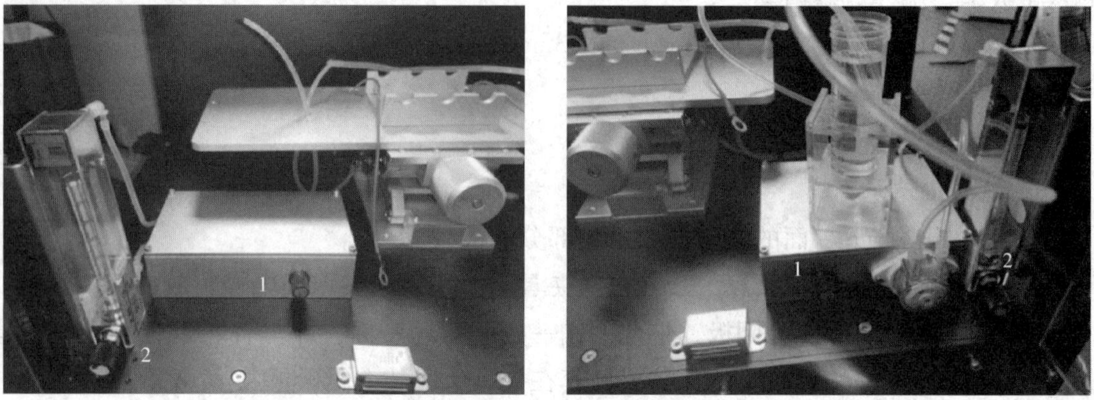

图 3-7　气、液连接与控制

操作平台右侧 1 为甲醇溶液泵机控制盒，控制盒前端黑色旋钮为液泵开关，顺时针旋转打开泵机，通过旋转幅度控制液体流量(控制在 2~4mL/min)，最大为 4~5mL/min，逆时针旋转到底关闭泵机；通过液体流量计 2 可观察当前液体流量，其上旋钮为常开状态，不用调节。

4. 电源与通信连接

如图 3-8 所示，左图中机箱后面位置 1 为电源接口和开关，打开后液体和气体泵机、电子负载都通电；接口 2 为电子负载与电脑的通信接口。右图中，通信接口 1 与电脑 USB 接口相连；通信接口 2 与机箱后端接口 2 相连。

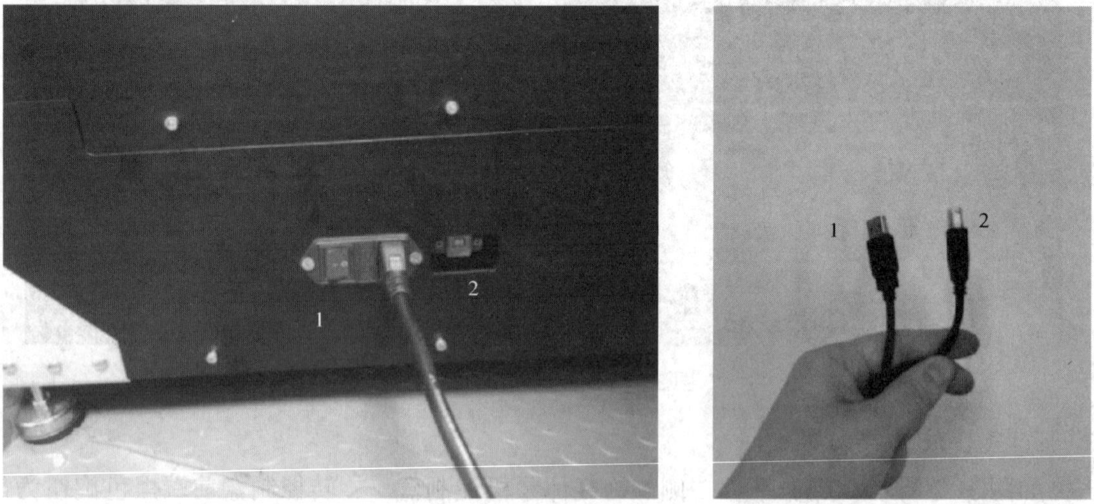

图 3-8　电源与通信连接

5. 扫描测试设置与操作

接线、接管就绪后，插上电源进行加热，温度设定在 85℃(按 set 键进行设置)；待电池温度达到设定温度后，打开液泵和气泵，调节至设定值即可开始甲醇燃料电池测试。

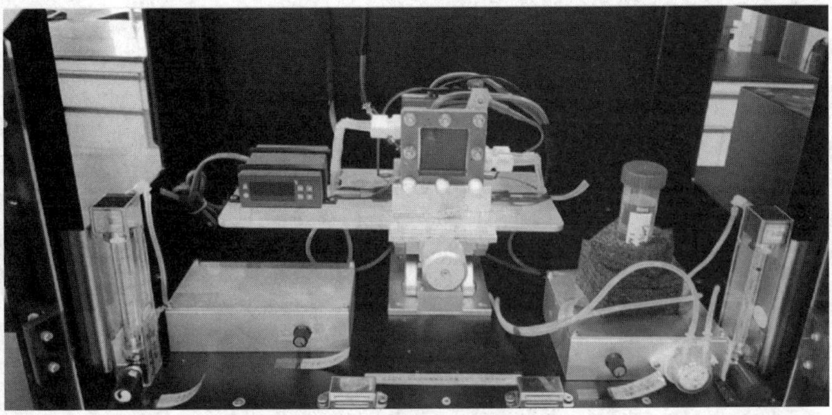

(1) 打开机箱底部电子负载开关。打开负载开关后，左边数值3.92V为电压，其中辅助电源是3.3V(定值)，所以计算的电池两端的开路为3.92-3.3=0.62V；右边数值表示电流，cc表示定电流模式。

(2) 在电脑上打开IT9000软件，连接USB通信线，进入如下界面，点击左上角“配置”，弹出“硬件配置”窗口，双击“接口参数”栏，进入接口配置界面，选择当前串口后，点击确定。

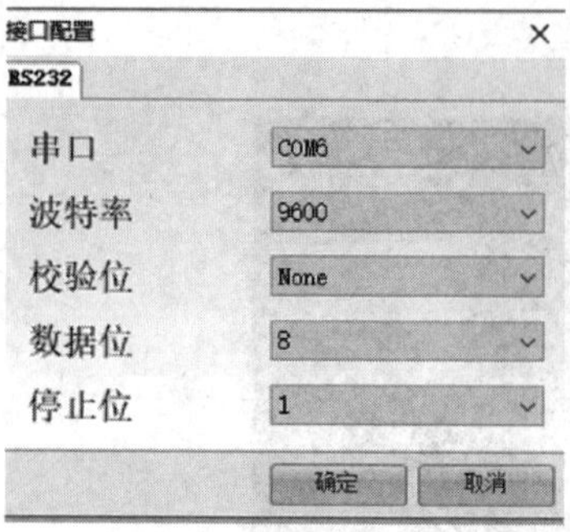

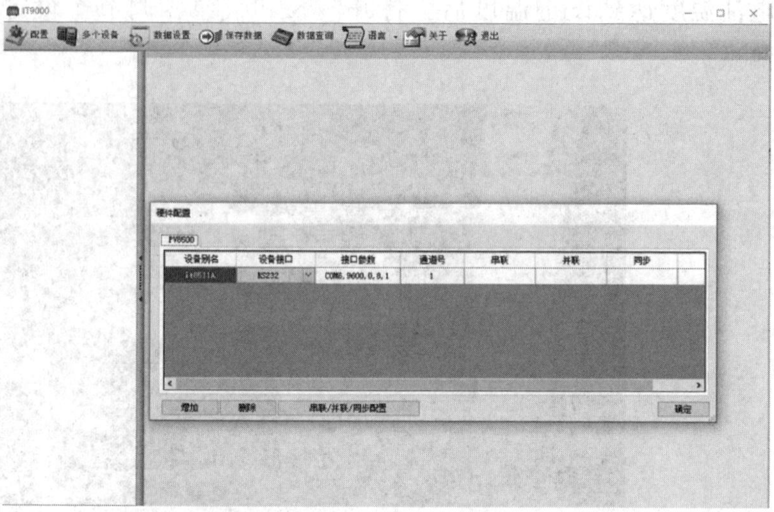

（3）点击确定后，左边栏出现  图标，双击该图标即进入测试界面（后续 USB 接口位置不变的话，打开 IT9000 软件即会出现该图标）。

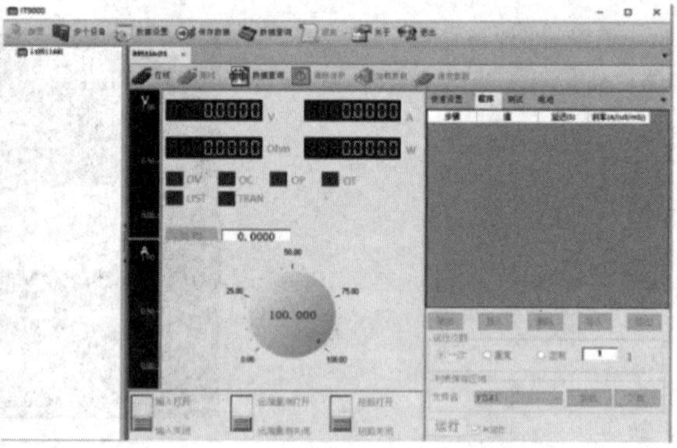

（4）点击  图标，电子负载则由电脑软件控制。

（5）打开 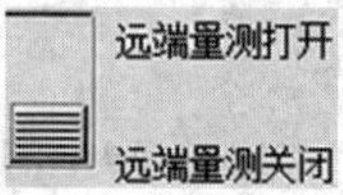 图标前，测试电压为辅助电源与燃料电池串联电路电压，即辅助电源（固定 3.3V）两端电压与燃料电池两端电压之和；点击图标打开远端后，测试电压为燃料电池两端电压，打开远端测量后进入下一步操作（打开 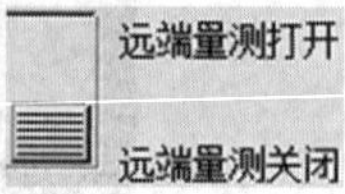 图标，出现的 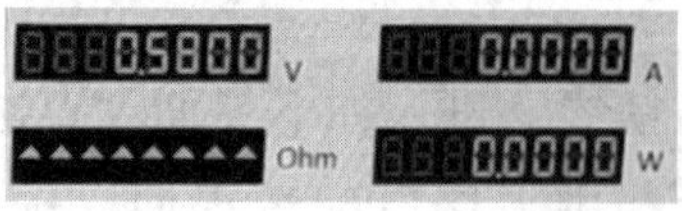 电位值即为电池两端的开路电压）。

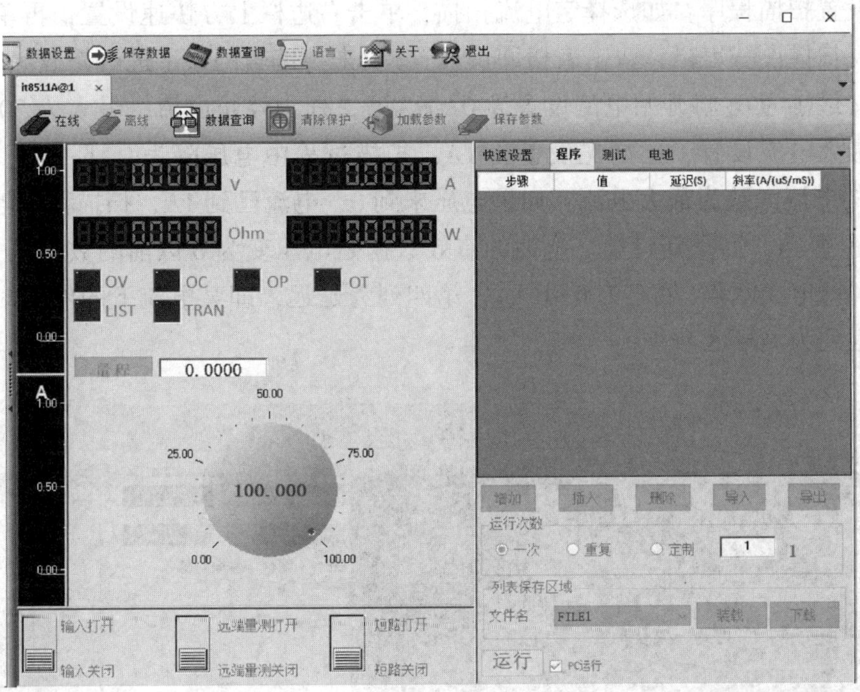

（6）数据设置：点击数据设置，在弹出的窗口中点击设备 it8511A@1 ，在中间栏数据字段中勾选所需保存的数据，如 Voltage（电压）、Current（电流）、Power（功率），点击增加，勾选右边栏上方“所有”图标，设置左下角数据保存间隔时间，单击右下角保存数据，数据设置完成。

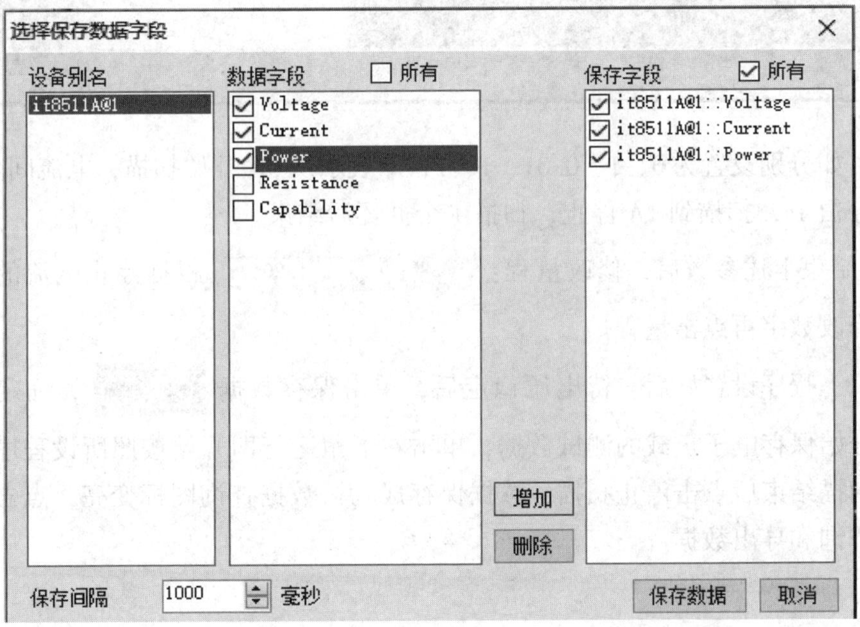

（7）设置扫描程序：如选择定电流扫描，单击右边栏上方快速设置，再单击下方的增加，出现扫描设置表格，双击表格即可设置(双击要编辑的数字进行修改)，第一列为开始电流，最小为 0(将开始电流设置为 0A)，第二列为停止电流，最大为 30A(**需根据实际电池最大电流设置，比如先设置为 1A，扫描过程中电压降为 0 那一刻，电流小于 1A，此时的电流大致为最大电流；如果电压未到 0，电流已到 1A，扫描程序停止，说明最大电流超过 1A，需重新设置。电池的有效数据是电压变为 0 以前的数据**)，第三列为扫描步骤，即电流间隔(最小为 0.01A)，第四列为延迟，即某电流下的停留时间，单位为秒，第五列为循环次数。

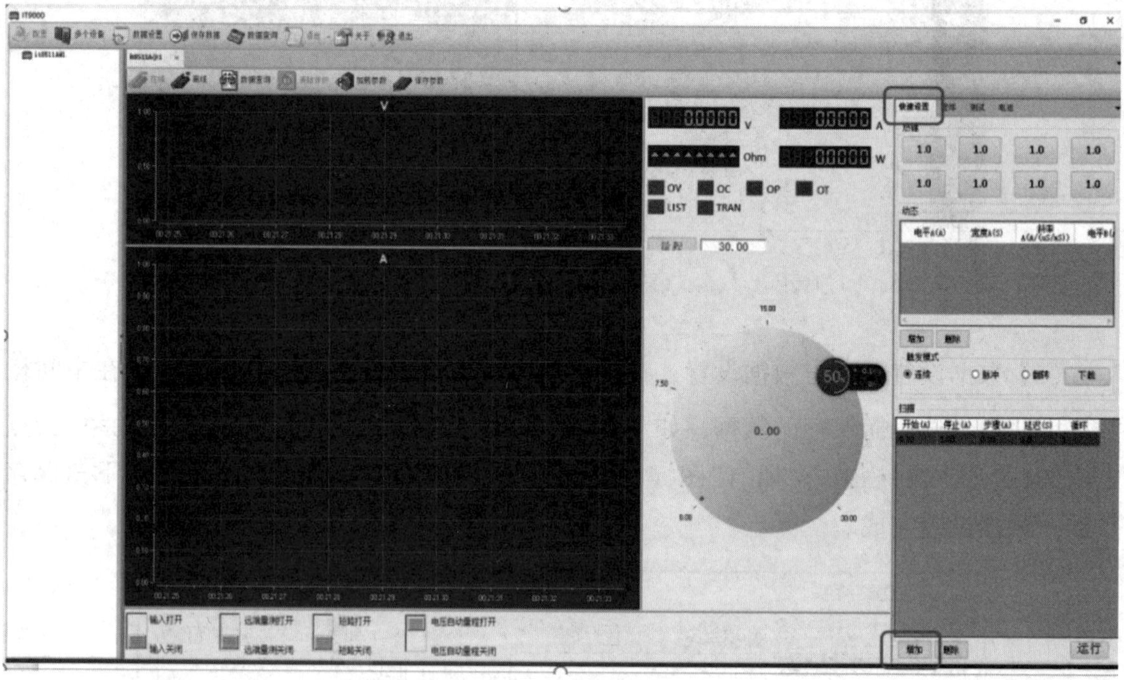

示例：如分别设置为0、1、0.01、1、1，即表示从0A 开始扫描，电流间隔为0.01，每个电流停留 1s，扫描到 1A 停止，扫描 1 个循环后结束。

(设置结束上述参数后，修改量程： 量程 1.20 根据停止电流的大小确定量程，先修改数字再点击量程。)

（8）以上程序设置好后，待电压稳定后，单击保存数据 保存数据 ，确定数据文件名称后，开始保存电子负载的测试数据，单击右下角运行即开始按照所设程序进行定电流扫描。扫描结束后点击停止扫描，数据保存成功，数据查询图标变亮，点击数据查询图标即可查询和导出数据。

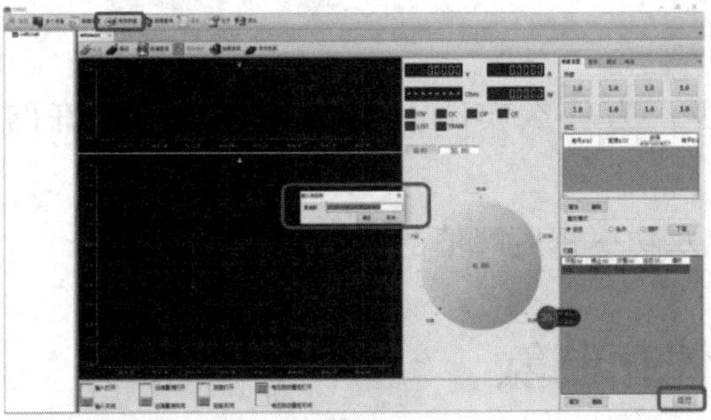

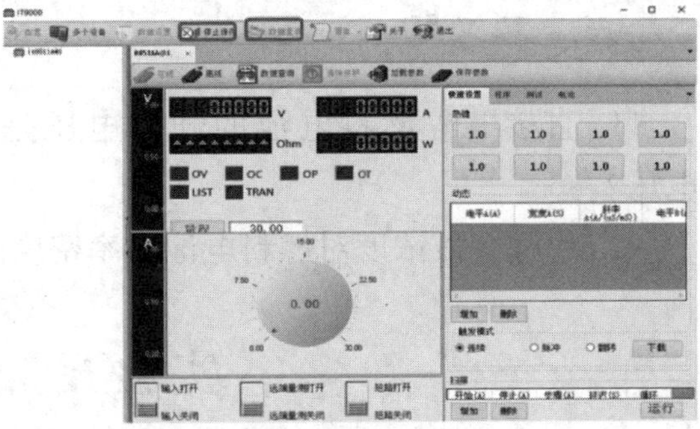

(9) 数据查询和导出。

五、实验数据记录与处理

本实验提供夹具的膜电极有效反应面积为 $9cm^2$。

将原始数据导出后用 Excel 软件进行处理。通过电压、电流和有效面积的计算，获得功率密度曲线和功率密度峰值。功率密度=(电压×电流)/有效面积(mW/cm^2)。

主要考察甲醇溶液浓度对功率密度曲线及峰值的影响。数据记录于表 3-9。

表 3-9 甲醇溶液浓度对功率密度曲线及峰值的影响

甲醇溶液浓度/(mol/L)	功率密度曲线	功率密度峰值/(mW/cm^2)	备注
1			
2			
3			

六、思考题

1. 直接甲醇燃料电池的开路电压是多少？为什么实际开路电压低于理论开路电压？

2. 甲醇溶液浓度对燃料电池功率密度曲线及功率密度峰值的影响规律是什么？

实验五　光催化制氢

一、实验目的

1. 通过参与光催化反应实验，认识光催化这一前沿热点研究领域并了解光催化反应的基本原理。

2. 掌握碳修饰 Pt/TiO_2 制备方法。

3. 学会在 Labsobar-6A 系统中进行光催化制氢的评价方法。

二、实验原理

光催化是 20 世纪 70 年代以来发展起来的新兴研究领域。光催化分解水制氢被认为是解决人类所面临的能源和环境问题的理想途径之一。水分解制氢和氧是热力学不可行，而需要光或电驱动的化学反应。1972 年日本学者 Fujishima 和 Honda 在 Nature 上发表了关于 TiO_2 电极上光催化分解水制氢的论文，这标志着一个光催化新时代的开始。当前，光催化研究主要包括光催化制氢、放氧、还原 CO_2、无机或有机物污染物降解和化学合成等方向。光催化反应一般包括以下三个过程：

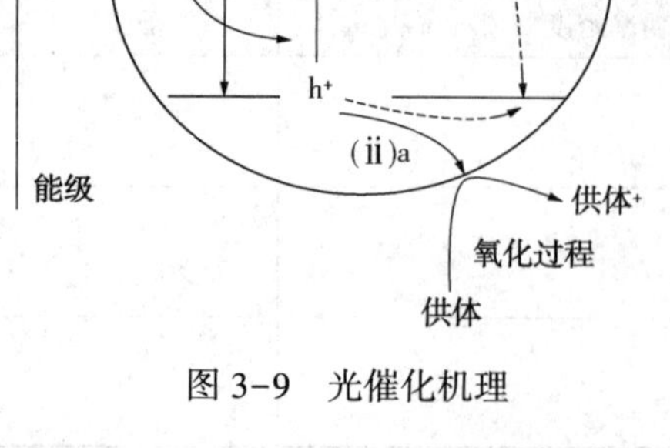

图 3-9　光催化机理

（ⅰ）当入射光光子能量 $h\nu$ 大于半导体的带隙(Band gap)能时，电子会被激发，从价带(Valence band，VB)跃迁到导带(Conduction band，CB)，这时在导带和价带位置上分别产生光生电子和空穴(图 3-9)。

（ⅱ）在光催化反应中，光生电子和空穴被激发后会经历多个变化途径，主要存在相互复合和被捕获两个相互竞争的过程。a 是光生电子和空穴迁移到半导体表面，而 b 表示光生电子和空穴重新相遇而复合，通过辐射或无辐射的方式散发能量，称为去激化过程，对光催化反应是不利的。

（ⅲ）光生电子和空穴从体相迁移到半导体表

面并与半导体表面吸附的物种发生还原和氧化过程。

氢能作为二次能源，具有清洁、高效等诸多优点，而利用太阳能实施光催化分解水制氢则是氢气来源最环保和最可持续的方法。光催化剂通常为半导体催化剂。要实现光催化分解水必须满足如下基本条件：

① 半导体禁带宽度必须大于水的分解电压理论值 1.23eV。

② 半导体导带电位比氢的标准电极电势(H^+/H_2)(0V vs NHE，pH=0)更负，价带电位比氧的标准电极电势(O_2/H_2O)(1.23V vs NHE，pH=0)更正。

③ 光提供的量子能量应该大于半导体的禁带宽度。

在满足以上基本条件下，半导体催化剂的光生电子便能如图 3-9 所示，将水中的 H^+ 还原为 H_2。TiO_2 的带隙能约为 3.2eV，CdS 的带隙能约为 2.4eV，两者分别为研究得最多的紫外和可见光催化剂。

面对日益严峻的环境问题，发展高效绿色的降解环境污染物的方法来解决环境问题变得十分重要。大量研究表明，半导体光催化产生的活性物种具有氧化性强的特点，对许多难以降解的有机物具有特别重要意义。一般认为，光催化污染物降解的有效氧化剂是羟基自由基(OH)，OH 的氧化性高于常见的臭氧、过氧化氢、高锰酸钾、次氯酸等。以最常见的 TiO_2 催化剂为例，其产生 OH 的过程如下所示：

$$TiO_2 \xrightarrow{h\nu} e^- + h^+$$

$$h^+ + H_2O \longrightarrow \cdot OH + H^+$$

$$e^- + O_2 \longrightarrow \cdot O_2 \xrightarrow{H^+} HO_2 \cdot$$

$$2HO_2 \cdot \longrightarrow O_2 + H_2O_2$$

$$H_2O_2 + \cdot O_2^- \longrightarrow \cdot OH + HO^- + O_2$$

根据光催化基本原理中涉及的几个过程，可以总结出以下几点提高光催化反应效率的方法。过程(ⅰ)取决于半导体的能带结构。半导体的能带结构决定了其氧化还原能力的强弱。通过调整半导体的导带位能，使其高于反应电子受主物种的相关电位；调整半导体的价带位能，使其低于反应电子供主物种的相关电位，使材料与反应相匹配。对于过程(ⅱ)，光生电子和空穴的复合速率一般极快(约为 $10^{-6} \sim 10^{-15}$s)。提高光催化反应效率的关键在于促进光生电子和空穴分离，提高电荷迁移速率，避免电子和空穴的复合。目前，提高电荷分离效率主要包括改变半导体晶相结构和粒子尺寸、添加助催化剂、半导体复合以及碳-半导体复合等方式。过程(ⅲ)涉及表面化学反应，其关键在于提高光催化剂对反应物的吸附，使用合适的助催化剂并增加反应活性位的数量，同时还要抑制逆反应进行。目前绝大多数光催化剂都存在光量子效率低的问题，设法避免光生电子和空穴的复合是提高光量子效率最重要的手段。

碳材料与半导体所组成的纳米复合物是近年来研究较多的一类光催化剂。由于碳材料通常具有较好的电荷传递性能，有助于光生电荷的分离与迁移，可以提高半导体的光催化活性。常用的碳材料主要包括活性炭、富勒烯、碳纳米管、石墨烯(graphene)等。单层sp2杂化碳原子构成的具有二维结构的石墨烯材料因其具有极大的理论表面积、极低的电阻率、极快的电子迁移速率以及很高的机械强度等特性，有可能发展成为良好的光催化剂助剂。

TiO_2-graphene复合物是近年颇受关注的一类碳材料与半导体的纳米复合物，其运用于光催化反应具有如下优点：(ⅰ)TiO_2和graphene间可形成Ti-O-C键结合，使该材料相比于单纯的TiO_2具有更宽的光吸收范围(拓展至可见光)；(ⅱ)因为graphene的电子迁移速率极快，其作为光生电子受体，可以有效增强电荷分离效率，避免电子和空穴的复合，提高光催化活性；(ⅲ)由于graphene与有机染料之间可以形成较强的π-π相互作用，使该材料相比于TiO_2对有机污染物有更强的吸附能力。贵金属助催化剂的加入也能有效提高半导体的光催化活性。一方面贵金属可有效地俘获光生电子，导致光生电子和空穴分离，从而抑制电子和空穴的复合。另一方面贵金属也可作为释放氢原子的优良催化剂。

三、仪器、材料和试剂

仪器：Labsobar-6A光催化装置、电子天平。

材料：药匙、一次性滴管、10mL离心管2个、石英培养皿2个。

试剂：无水乙醇；六水合氯铂酸(1g，CAS：18497-13-7，$H_2PtCl_6 \cdot 6H_2O$，分析纯)；吐温40(聚氧乙烯失水山梨醇脂肪酸酯，分析纯，国药试剂有限公司)；樟脑磺酸($C_{10}H_{16}O_4S$，分析纯，西格玛奥德里奇公司)；商用二氧化钛(德固赛P25，100g，德国Degussa公司)。

四、实验步骤

1. 碳修饰Pt/TiO_2光催化剂[0.2%(质量)]的制备

以光化学还原沉积的方法制备碳修饰Pt/TiO_2光催化剂。

(1)将52mg六水合氯铂酸溶解于1.8mL去离子水中，称取樟脑磺酸(0.001mol，0.23g)投入氯铂酸水溶液中，60℃水浴下充分混合搅匀，然后加入吐温40(0.001mol，1.28g)缓慢搅拌至混合均匀。最后缓慢倒入石英培养皿中，冷却至室温下(20℃)形成含有氯铂酸前体的二维层状液晶模板。

(2)将含有不同浓度的氯铂酸前体的液晶模板在室温下水平放置在250W光源下(加置紫外滤波片)，经过0.5h辐照时间后最终得到包覆于液晶模板内的Pt纳米颗粒(记作Pt@LCs)(图3-10)。

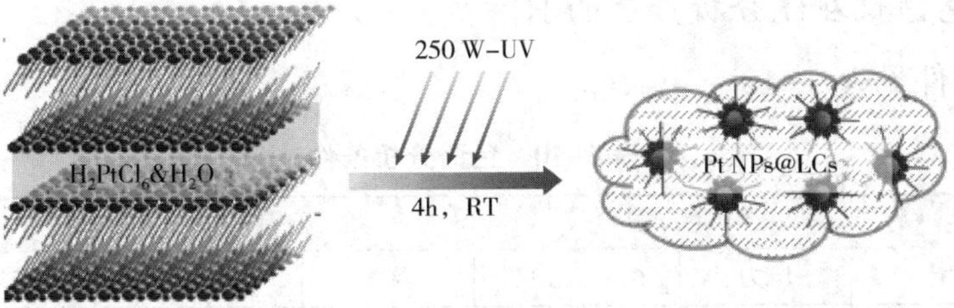

图 3-10　液晶模板内紫外还原生成 Pt 纳米颗粒示意图

(3) 经过紫外光还原之后，将含有 Pt 纳米颗粒的液晶模板在适量乙醇中分散后，加入 500mg 商用 TiO_2(德固赛 P25)与分散有 Pt 纳米颗粒以及液晶模板的乙醇溶液充分超声混合，放入 100℃烘箱中除去溶剂乙醇。氮气气氛下以 5℃/min 升温速度室温下升至 500℃保持 1h，记作 C-Pt/TiO_2。得到的粉末催化剂称重，做好记录和标签标记。

2. 光催化制氢反应

光催化制氢反应在 Labsobar-6A 系统中进行。该系统包括光源、反应器、循环系统、真空系统和在线采样系统(图 3-11)。其中光源为 300W 氙灯($\lambda \geq 320$nm)。反应时，在反应器内加入 100mg 催化剂并超声分散于 100mL 20%(体积)甲醇水溶液中。

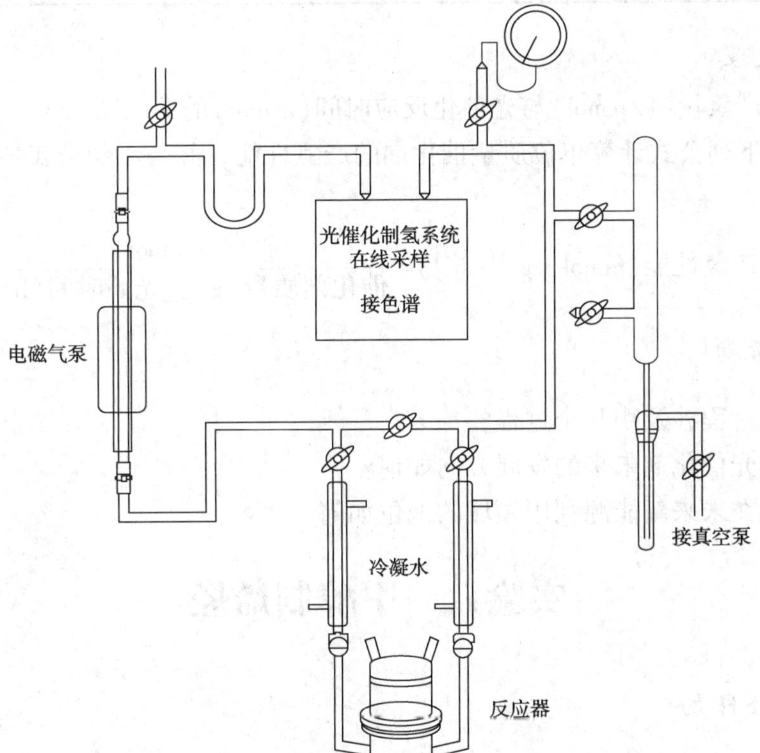

图 3-11　光催化制氢反应装置示意图

3. 由气相色谱仪在线分析产生的 H_2

色谱分析条件见表 3-10。

表 3-10　色谱分析条件

进样口		色谱柱		柱箱		检测器	
加热器	80℃	压力	6.5151psi①	温度	60℃	加热器	200℃
压力	6.0515psi	流量	1.0mL/min	—	—		
总流量	13.6mL/min	—	—	—			

① 1psi = 6.895kPa。

五、实验数据处理

1. 实验数据记录(表 3-11)

表 3-11　制氢速率与时间的变化表

时间/min									
色谱峰面积									
产氢量/μmol									

2. 数据处理

(1) 绘制产氢量(V/μmol)与光催化反应时间(t/min)的关系图。

(2) 根据下列公式计算单位质量催化剂的产氢性能，并与小组分工成员检索到的文献值比较。

$$产氢性能(mmol \cdot g^{-1} \cdot h^{-1}) = \frac{产氢量(mol)}{催化剂质量(g) \cdot 光照时间(h)}$$

六、思考题

1. 光催化过程涉及哪几个过程?
2. 半导体光催化剂未来的发展方向如何?
3. 太阳能在未来新能源利用领域的地位如何?

实验六　甲醇制烯烃

一、实验目的

1. 了解以甲醇为原料，以 SAPO-34 分子筛为催化剂，在固定床单管反应器中制备烯烃的过程。

2. 学会操作催化反应工艺装置，掌握调节工艺参数优化反应条件的方法。

二、实验原理

1. 反应过程

甲醇制烯烃(Methanol to Olefins，MTO)是重要的 C_1 化工新工艺，是指以煤或天然气合成的甲醇为原料，借助类似催化裂化装置的流化床反应器形式，生产低碳烯烃的化工技术。该工艺过程实现了“非石油路线”生产低碳烯烃的设想，有着非常重要的现实意义。甲醇制烯烃(MTO)反应大致可以分为以下三个过程：①二甲醚(DME)的生成，进而与甲醇在 SAPO-34 分子筛上酸性位上反应生成甲氧基。②第一个 C—C 键的生成。③一次反应产物向更多碳链的烯烃转化。经热力学计算，甲醇生成二甲醚的反应平衡常数接近于 1，可以快速达到平衡，因此，将甲醇和二甲醚看作反应物。简化后的甲醇制烯烃反应路线如下：

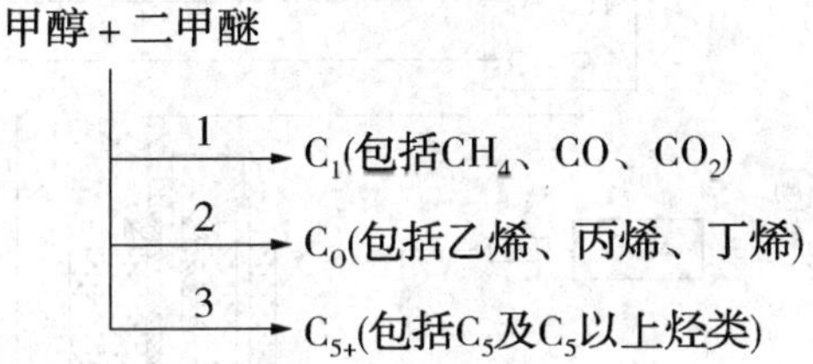

脱水阶段：

$$2CH_3OH \longrightarrow CH_3OHCH_3+H_2O+Q$$

裂解反应阶段：该反应过程主要是脱水反应产物二甲醚和少量未转化的原料甲醇进行的催化裂解反应，包括主反应和副反应。

① 主反应(生成烯烃)：

$$nCH_3OH \longrightarrow C_nH_{2n}+nH_2O+Q$$

$$nCH_3OCH_3 \longrightarrow 2C_nH_{2n}+nH_2O+Q$$

$$n=2 \text{ 和 } 3(\text{主要产物})、4、5 \text{ 和 } 6(\text{次要产物})$$

以上各种烯烃产物均为气态。

② 副反应(生成烷烃、芳烃、碳氧化物、结焦 C)：

$$(2n+1)CH_3OH \longrightarrow 2C_nH_{2n+2}+C+nH_2O+Q$$

$$(2n+1)CH_3OH \longrightarrow 2C_nH_{2n+2}+CO+nH_2O+Q$$

$$(3n+1)CH_3OH \longrightarrow 3C_nH_{2n+2}+CO_2+(3n-1)H_2O+Q$$

$$n=1，2，3，4，5\cdots$$

$$nCH_3OCH_3 \longrightarrow C_nH_{2n-6}+CO_2+3H_2+nH_2O+Q$$

$$n=6，7，8\cdots$$

以上产物可以分为气态产物(CO、CO_2、H_2、CH_4、H_2O、烷烃、芳烃等)和固态产物(大分子量烃和焦炭)。

2. 影响本反应的因素

甲醇制低碳烯烃的工艺条件主要包括反应温度、甲醇质量空速和原料进口浓度。研究表明，温度是影响 MTO 过程的最主要因素。

3. 催化剂

本实验采用 SAPO-34 分子筛催化剂。SAPO-34 分子筛由 AlO_4^-、PO_4^+、SiO_4^-四面体构成三维骨架结构，具有氧八元环构成的椭球形笼、圆形或起皱形结构，孔口有效直径保持在 0.43~0.50nm 之间，分子具有与菱沸石相似的 CHA 结构。

三、实验装置及流程

实验装置及流程见图 3-12。

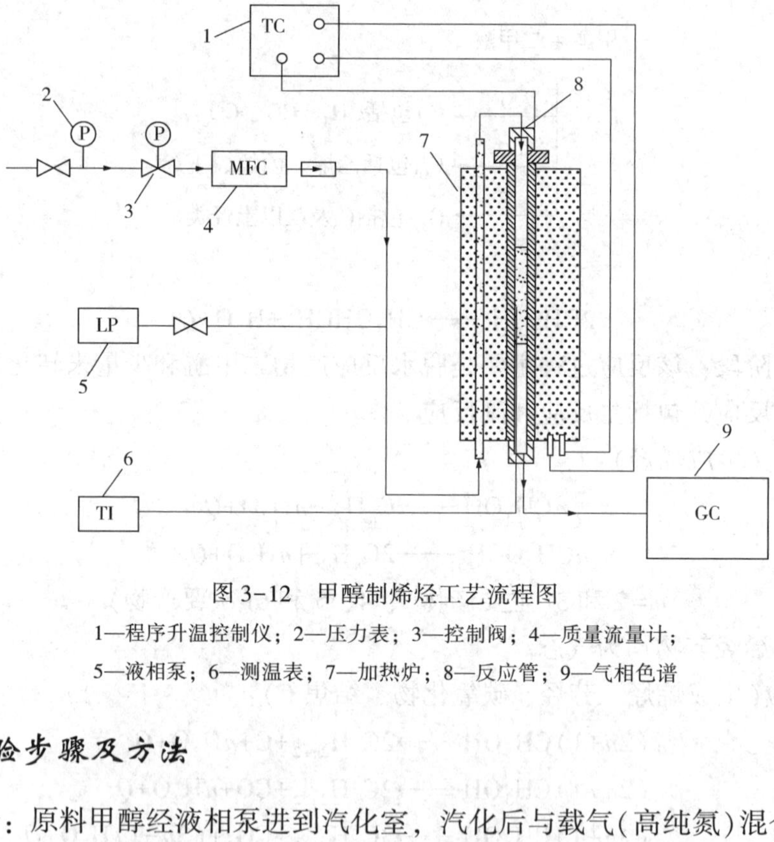

图 3-12 甲醇制烯烃工艺流程图

1—程序升温控制仪；2—压力表；3—控制阀；4—质量流量计；5—液相泵；6—测温表；7—加热炉；8—反应管；9—气相色谱

四、实验步骤及方法

流程简介：原料甲醇经液相泵进到汽化室，汽化后与载气(高纯氮)混合并由载气带入预热室，然后一起进入反应器。反应是在固定床中进行的，产物分两部分，液相产物(未反应的甲醇和生成的水)经冷凝后，收集进行色谱分析；气相产物直接进入气相色谱仪，分析各组分的含量。

1. 工艺条件

(1) 选用甲醇进料，质量空速(WHSV) = 0.5h^{-1}；

(2) 活化温度500℃，活化时间1h，反应温度450℃。

2. 色谱分析条件

(1) 在线分析(分析气相产物)：采用热导池(TCD)检测器，载气为H_2，柱前压为0.3MPa。汽化室温度：100℃；检测室温度：100℃；柱温：80℃；桥流：100mA；色谱柱：GDX-104；进样量：0.2μL。

(2) 离线分析(分析液相产物)：采用热导池(TCD)检测器，载气为H_2，柱前压为0.3MPa。汽化室温度：250℃；检测室温度：250℃；柱温：120℃；桥流：150mA；色谱柱：GDX-104；进样量：0.2μL。

3. 操作步骤

(1) 了解并熟悉实验装置及流程，搞清物料走向及加料、出料方法。

(2) 装填反应器。首先在反应器底部填充石英砂，中间装填称量好的40~60目的SAPO-34分子筛，上层填充石英砂，最后把反应器接入管路。

(3) 打开气路、电路，检查装置气密性，设置参数。

(4) 待温度达到设定值后，用高纯N_2活化分子筛，降至反应温度，开始甲醇进料，开启自动采样系统，收集反应数据(液相产物和气相产物)。气相产物通过切换进气阀在线进样，液相产物通过冷凝器冷却收集得到。

(5) 同时，打开气相色谱载气，开启电源，设置各色谱分析所需温度，热导电流；待各温度达到设定值时，即可进行在线测试气相产品组成。

(6) 反应结束，待反应器和预热炉温度降至100℃以下后，关闭微反装置和液相泵电源，最后关闭氮气阀门和循环冷却水装置。

(7) 处理数据，关闭色谱电源，待柱温降至100℃以下时，即可关闭载气。

五、实验数据记录与处理

1. 原始记录

进料前甲醇的质量：______g；进料结束时甲醇的质量：______g；液相产品的质量：______g；气相产品的体积：______L；室温：______℃。

其他数据记录于表3-12和表3-13。

表3-12 实验原始数据记录

时间	温度/℃		原料流量/(mL/min)	
	预热炉	反应器	甲醇	氮气

表 3-13　实验原始数据记录

气相产物			液相产物		
响应时间	峰面积	面积含量/%	响应时间	峰面积	面积含量/%

2. 数据处理

产物的定量分析采用校正面积归一法。色谱分析甲醇制烯烃产物的校正因子(mol)见表 3-14。

表 3-14　色谱分析甲醇制烯烃产物的校正因子　mol

气相产物					液相产物				
甲烷	乙烷	乙烯	丙烷	丙烯	正丁烷	正丁烯	异丁烯	水	甲醇
3.75	1.44	1.59	0.85	1.00	0.61	0.81	0.79	0.8	1

产品摩尔分数，以乙烯为例：

$$乙烯\% = \frac{A_{C_2} f_{C_2}}{\sum A_i f_i}$$

式中 A_{C_2}——乙烯的峰面积；

A_i——i 组分的峰面积；

f_{C_2}——乙烯组分的摩尔校正因子；

f_i——任一组分的摩尔校正因子。

（1）甲醇的转化率

$$X = \left(1 - \frac{反应剩余的甲醇质量}{进入反应器的甲醇质量}\right) \times 100\%$$

（2）乙烯的收率

$$Y_{乙烯} = \left(1 - \frac{生成乙烯所消耗的甲醇质量}{进入反应器的甲醇质量}\right) \times 100\%$$

（3）乙烯的选择性

$$S_{乙烯} = \frac{Y_{乙烯}}{X} \times 100\%$$

（4）丙烯的收率

$$Y_{丙烯} = \left(1 - \frac{生成丙烯所消耗的甲醇质量}{进入反应器的甲醇质量}\right) \times 100\%$$

（5）丙烯的选择性

$$S_{丙烯} = \frac{Y_{丙烯}}{X} \times 100\%$$

六、结果及讨论

对实验数据进行处理，分别计算甲醇的转化率、几种主要产物的选择性及收率。并对结果进行分析、讨论。

七、思考题

1. 甲醇制烯烃反应是吸热反应还是放热反应？如何判断？实验室是如何来实现的？工业上又是如何来实现的？

2. 对本反应而言是高温有利还是低温更好？

3. 在本实验中你认为有哪几种液体产物生成？有哪几种气体产物生成？如何分析？进行反应物料衡算，需要一些什么数据？如何收集并处理？

实验七 电解水制氢

一、实验目的

1. 了解电解水制氢的意义和机理。

2. 熟悉电解水制氢全系统的操作方法。

3. 掌握电催化剂制备及作用的要点。

二、实验原理

随着全球经济的快速发展，人类对能源的需求与日俱增。当前的能源结构主要依赖于石油、天然气、煤炭等化石能源，其过度开采和使用造成了化石资源的严重短缺和环境污染等问题。为改变这一现状，开发绿色、可持续的新能源成为全球经济发展的必然选择。

氢能被视为21世纪最具发展潜力的清洁能源，具有以下优点：①资源丰富：氢在自然界中主要以化合物形态存在，如水、碳氢化合物等；其中水占地球表面的70%以上，是氢气的丰富来源。②来源多样：氢气可通过石油、煤、天然气等化石能源重整，也可通过生物质裂解或微生物发酵等途径制取；可来自焦化、氯碱、钢铁、冶金等工业副产气；也可通过电解水来制取。③灵活高效：氢热值高（142kJ/g），是同质量焦炭、汽油等化石燃料热值的3~4倍。④可储存性：在电力过剩的地方和时间，可以用氢的形式将电能或热能储存起来，在合适的时间和地点再释放，这也是氢能在其他可再生能源中得天独厚的优势。电解水制氢的方式因其零污染、制取氢气纯度高、可再循环的特性而备受关注，是制取绿氢的理想策略。

电解水的原理是利用外加电势驱动水分解(过程如图 3-13 所示)，其包含两个半反应，如表 3-15 所示。

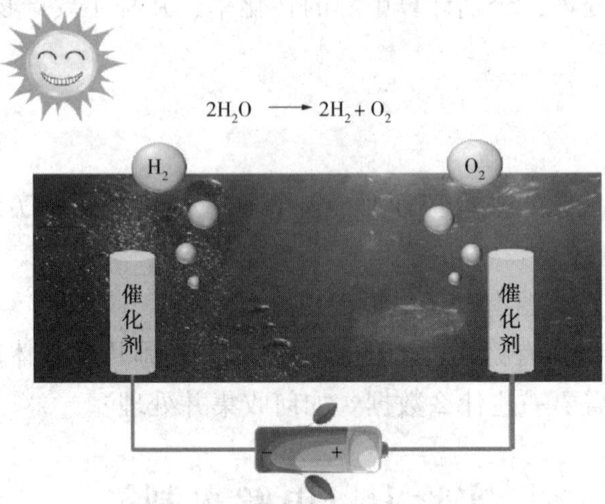

图 3-13　电解水的过程示意图

表 3-15　电解水反应

项目	酸性电解液	碱性电解液
阴极	$2H^++2e \longrightarrow H_2$，$E_a=0V$	$2H_2O+2e \longrightarrow H_2+2OH^-$，$E_a=-0.83V$
阳极	$H_2O \longrightarrow 2H^++1/2O_2+2e$，$E_a=1.23V$	$2OH^- \longrightarrow H_2O+1/2O_2+2e$，$E_a=-0.40V$
总反应	$H_2O \longrightarrow H_2+1/2O_2$，$E=1.23V$	$2H_2O \longrightarrow 2H_2+O_2$，$E=1.23V$

其中，氢气析出反应(HER)发生在电解水的阴极反应，是典型的两电子途径。如表 3-16 所示，在不同电解质中，HER 电催化机理也不相同。目前普遍认为 HER 电催化过程可分为以下三个基元反应：第一步是 Volmer 反应，即电子转移过程，也称作电化学过程。在酸性电解质中，水合质子与电子结合，在催化剂表面化学吸附可直接形成 H^*(*代表电极表面的活性位点)；而在碱性电解质中吸附的是 H_2O，H_2O 得到电子解离形成 H^* 和 OH^-。由此可知：在碱性电解质中，Volmer 反应需要克服 H_2O 分解的能垒，所需要的能量较高。因此，在 HER 电催化过程中，Volmer 反应在酸性条件中比在碱性条件中更容易发生。随后，吸附态的 H^* 可通过两种方式变为 H_2。第一种方式是 Heyrovsky 反应，也称为电化学脱附过程。在酸性电解质中，H^* 与 H_3O^+结合，并从电极表面得到一个电子形成 H_2，继而发生脱附析出；而在碱性溶液中，H^* 与 H_2O 结合，并从电极表面得到一个电子形成 H_2，然后发生脱附析出过程。第二种方式是 Tafel 反应，也称作复合脱附过程，无论是在碱性还是酸性电解质中，都可简单描述为两个相邻的 H^* 形成 H_2。综上，HER 存在两种最基本的反应机理是 Volmer-Heyrovsky 和 Volmer-Tafel 机理(见表 3-16)。

表 3-16　酸性、碱性电解质中 HER 反应机理

项目	酸性电解质	碱性电解质	备注
Volmer-Heyrovsky 反应	$H_3O+e^- \longrightarrow H^*+H_2O$	$H_2O+e^- \longrightarrow H^*+OH^-$	电化学脱附过程
Volmer-Tafel 反应	$H_3O^++e^-+H^* \longrightarrow H_2+H_2O$	$H_2O+e^-+H^* \longrightarrow H_2+OH^-$	复合脱附过程
总反应	$H^*+H^* \longrightarrow H_2$	$H^*+H^* \longrightarrow H_2$	

氧气析出反应(OER)由四个连续的基元反应构成(如表 3-17 所示)。反应的第一步是 H_2O 的解离(酸性溶液中)或者 OH^- 在催化剂表面的配位(碱性溶液中)，生成反应中间体 HO^*。随后，经过三步相继的氧化反应，中间体 HO^*、O^* 及 HOO^* 被逐步氧化，最终生成 O_2。

表 3-17　酸性、碱性溶液中 OER 反应机理

酸性	碱性
$2H_2O+{}^* \longrightarrow HO^*+H_2O+e+H^+$	$OH^-+{}^* \longrightarrow HO^*+e$
$HO^*+H_2O \longrightarrow O^*+H_2O+e+H^+$	$HO^*+OH^- \longrightarrow O^*+H_2O+e$
$O^*+H_2O \longrightarrow HOO^*+e+H^+$	$O^*+OH^- \longrightarrow HOO^*+e$
$HOO^* \longrightarrow {}^*+O_2+e+H^+$	$HOO^*+OH^- \longrightarrow {}^*+O_2+H_2O+e$
总反应：$2H_2O \longrightarrow O_2+4e+4H^+$	总反应：$4OH^- \longrightarrow O_2+2H_2O+4e$

研究发现，氧气析出反应(OER)和氢气析出反应(HER)的反应动力学慢、反应能垒高，降低了化学反应速率以及能量转换效率，制约着这些能源器件的规模化应用。开发高活性、高稳定性的电催化剂可加快化学反应速率，减少反应过程中的能量损耗，是推动电解水制氢技术大规模应用的必由之路。据报道，贵金属铂(Pt)是最佳的 HER 催化剂，钌(Ru)和铱(Ir)的氧化物催化剂具有良好的 OER 反应动力学，然而它们储量稀少、成本高昂以及稳定性差，限制了电解水制氢技术的商业化应用。因此，合成高效、稳定和廉价的过渡金属催化剂是加快电解水制氢技术发展的关键。FeCo 基氢氧化物/氧化物丰度高、成本低、电导率高，比单一的铁或钴氧化物/氢氧化物具有更好的电化学活性，在碱性溶液中具有比 Pt/IrO_2更高的电催化活性，可作为有潜力的水分解电催化剂。

本实验我们通过简单快速的电沉积方法直接将钴铁氢氧化物纳米片沉积在泡沫镍(nickel foam，NF)或碳纸(CFP)上，制得 CoFe/NF 或 CoFe/CFP，在 1M KOH 溶液中，实现电解水制氢。

三、仪器、材料和试剂

仪器：电化学工作站、电解池、三电极体系、气体产量测量装置、电子天平、加热搅拌器、红外干燥灯、超声仪。

器材：烧杯、容量瓶、磁力搅拌子、药匙、泡沫镍(NF)或碳纸(CFP)、一次性滴

管、质子交换膜、镊子、玻璃皿等。

试剂：无水乙醇、去离子水、硝酸钴六水合物、九水合硝酸铁、氢氧化钾、盐酸、硫酸。

四、实验步骤

1. 催化剂制备

① 泡沫镍基底预处理：将 NF 浸泡于 1mol/L HCl 溶液中超声处理 10min，以去除表面的 NiO_x层，随后用去离子水和乙醇反复冲洗，干燥后备用。

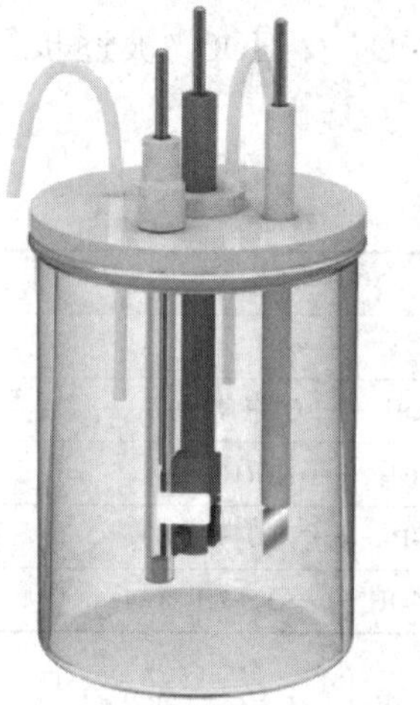

图 3-14　电解池装置

② 碳纸的预处理：选用乙醇和去离子水作为清洗剂，将 CFP 利用超声辅助法处理 10min，再将 CFP 浸没在 0.5M H_2SO_4溶液中，利用超声辅助法处理 15min，随后使用去离子水冲洗去除杂质，干燥后备用。

（2）电沉积法制备催化剂：量取 50mL 6mmol 的 $Co(NO_3)_2$溶液和 50mL 6mmol $Fe(NO_3)_3$溶液于烧杯中并混合均匀，转移至普通电解池中。组装三电极体系：铂作为对电极，饱和甘汞电极(SCE)作为参比电极，预处理后的 NF 或者 CFP 作为工作电极。电化学沉积条件：在-1.0V 的恒定电位下进行 600~3000s，电沉积过程在图 3-14 的电解池装置中进行。

2. 气体产量测量装置搭建

电解水制氢反应在气体产量测量装置中进行。该系统包括 H 型可换膜电化学池(密封)；银氯化银参比电极；铂片对比电极；催化剂工作电极(图 3-15)，电解液为 1mol/L KOH。通过气体收集装置可以直接观察到 O_2和 H_2的产量。

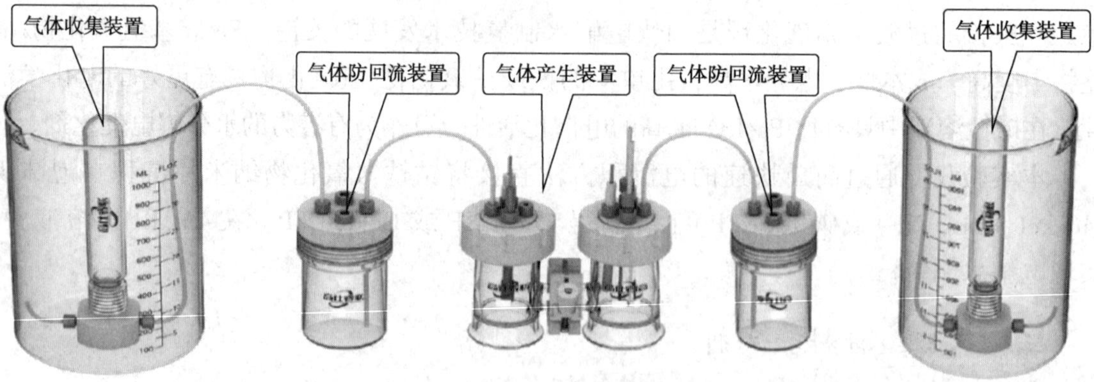

图 3-15　气体产量测量装置

3. 性能测试

（1）借助线性扫描伏安法(linear sweep voltammetry)，在普通三电极体系中测试单纯基底(NF 或 CFP)和催化剂的 *LSV* 曲线。

(2) 通过恒电流法，在气体产量测量装置中测试催化剂的电压–时间(P–t)曲线；同时观察记录不同时间段氢气和氧气的产量。

(3) 数据拷贝：*LSV* 曲线和 P–t 曲线。

4. 测试结束

将炭棒、参比电极、电解池等用去离子水冲洗后放回原位，关闭电化学工作站，关闭电脑。

五、实验数据处理

1. 实验数据记录(表 3–18)

表 3–18　产氢、产氧量记录表

时间/min									
氢气体积/mL 产氢量/μmol									
氧气体积/mL 产氧量/μmol									

2. 数据处理

(1) 绘制产氢物质的量(n/μmol)与电催化反应时间(t/min)的关系图。

(2) 绘制基底和催化剂的 *LSV* 曲线并作对比。

(3) 对于 HER，计算产氢法拉第效率：

$$\text{法拉第效率}=\frac{Q_{\text{实际}}}{Q_{\text{理论}}}=\frac{V\times n\times F}{V_{\text{m}}\times Q}$$

其中，V 是 H_2气体体积，$n=2$，F 是法拉第常数($F=96485\text{C}\cdot\text{mol}^{-1}$)，$V_{\text{m}}$ 是气体摩尔体积，Q 是库伦量($Q=it$，其中 i 为电流大小，t 为时间)。

六、思考题

1. 不同电解质中 HER 和 OER 的反应机理途径？
2. 电催化制氢未来的发展方向如何？

实验八　CO_2 电还原制合成气

一、实验目的

1. 了解 CO_2电化学还原前沿技术的重要意义和发展前景。

2. 熟悉 CO_2电还原过程制合成气全系统的操作方法。

3. 掌握高效 CO_2电还原催化剂的制备及作用要点。

二、实验原理

维持当今社会和经济发展的能源有 80%仍来源于化石燃料，在减少化石燃料使用和开发新能源的同时，进行 CO_2资源化利用是解决能源与环境问题的有效途径，也是目前国际和国内学者的研究重点和热点。二氧化碳(CO_2)是一种重要的 C_1资源，利用电化学方法可以将其转化为高附加值化学品或燃料，是实现碳循环的重要途径。这不仅能够缓解温室效应，还可以减少对传统化石燃料的依赖，符合可持续发展的要求。

电化学还原 CO_2是一个多步反应过程，可涉及 2、4、6、8、12、14 或 18 电子反应途径，通常包括以下四个步骤：(1)CO_2在催化剂表面溶解和吸附；(2)CO_2得到一个电子还原为 CO_2^-自由基；(3)CO_2^-自由基进一步进行电子/质子转移产生目标产物；(4)产物从催化剂表面脱附进入电解液或气态产物从电解液中逸出。在离子液体、水溶液、有机溶液中发生的 CO_2转化过程，总体电催化还原机理都如图 3-16 所示。在电催化还原过程中，CO_2可以直接在阴极催化剂上获得电子进行催化加氢，制备各种高附加值化合物，实现 CO_2的资源化利用。CO_2的转化过程存在多种途径(表 3-19)，且产物多样化。一般来说，电催化还原 CO_2过程中的产物不是单一物种，而是混合物，反应活性以及产物选择性与电催化剂、电解质溶液、体系施加电压、温度、压力和 pH 值等因素有很大关系。涉及少量电子转移的 CO_2还原反应需要较低的还原电位，更容易发生，主要生成 CO 和 HCOOH；而涉及多电子转移产物，例如 CH_4、CH_3OH、C_2H_4等，则需要更高的还原电位。这主要是因为随着反应中电子转移数的增加，反应需要的能量也会增加，因此使反应发生的难度加大。此外，如表 3-19 所示，析氢副反应也对 CO_2还原反应的效率有很大影响。析氢副反应所需的电位($E=-0.41$V vs. NHE)远低于 CO_2活化所需的电位，因此，有效地降低析氢副反应的发生，有利于提高 CO_2还原反应的效率。

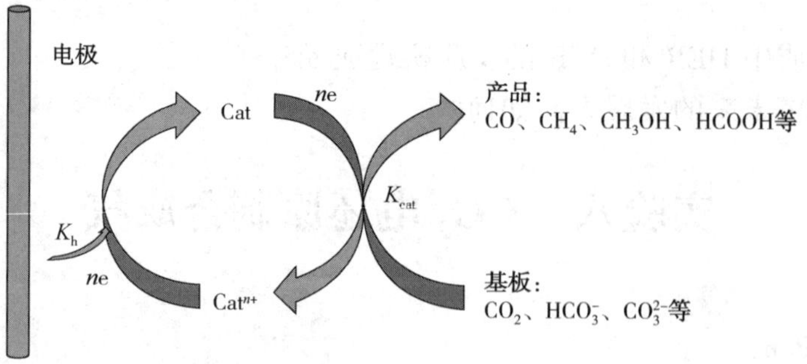

图 3-16　二氧化碳电催化还原机理

表 3-19　电化学 CO_2 还原的平衡电位

电化学反应	电位/V(vs NHE pH=7)
$CO_2(g)+8H^++8e \longrightarrow CH_4(g)+2H_2O(I)$	−0.24
$2CO_2(g)+9H^++12e \longrightarrow C_2H_5OH(I)+3OH^-(I)$	−0.33
$CO_2(g)+6H^++6e \longrightarrow CH_3OH(aq)+H_2O(I)$	−0.38
$CO_2(g)+4H^++4e \longrightarrow HCHO(g)+H_2O(I)$	−0.48
$CO_2(g)+2H^++2e \longrightarrow CO(g)+H_2O(I)$	−0.53
$CO_2(g)+2H^++2e \longrightarrow HCOOH(aq)$	−0.61
$2H_2O(I)+2e \longrightarrow 2OH^-+H_2(g)$	−0.41
$CO_2(g)+e \longrightarrow CO_2^{-}\cdot$	−1.90

利用电化学的方法将 CO_2 转化为高附加值化学品是缓解温室效应和能源危机的有效途径之一。根据文献报道，利用不同种类的电催化剂可以在水溶液中进行电催化还原 CO_2 反应，但这些反应通常存在着产物选择性差和反应活性低的问题。其中，水溶液中质子的还原与 CO_2 的还原形成竞争，会降低产物的选择性；而 CO_2 在水溶液中的溶解度较低，会影响 CO_2 的传质能力，从而降低电催化还原 CO_2 的活性。因此，设计高效的电催化体系对电催化还原 CO_2 至关重要。

在电催化还原 CO_2 的产物中，CO 是一个重要的产物，通过费托合成的方法可以制备多种高附加值有机化工产品和燃料。目前，在电催化还原 CO_2 生成 CO 的电催化剂中，Au 和 Ag 基纳米材料应用最为广泛且效果较好，但它们的成本高、储量低，限制了这些材料的大规模应用。ZnO 作为一种过渡金属氧化物，成本低、制备方便，被广泛用于电催化还原 CO_2 制备 CO 的研究。有研究人员发现 ZnO 中的氧化态 Zn 是 CO_2 转化为 CO 的主要活性位点，能够稳定 CO_2 中间体，促进产物的形成。催化剂中的氧空位可以增强其与 CO_2 的结合能力，降低 CO_2 活化的能垒，有助于提高反应的活性。此外，文献报道表明，ZnO 纳米催化剂中氧化物或氧缺陷的存在有助于增强其与 CO_2 及反应中间体的结合能力，显著提高了反应的催化活性。

本实验我们利用电化学沉积法制备 ZnO(OH)/CFP-x 电极，并以此作为阴极，电催化还原 CO_2 产生 CO 和 H_2。

三、仪器、材料和试剂

仪器：Flow Cell 系列气体扩散电解池装置、电子天平、水浴锅、超声波清洗器、电化学工作站、电解池、三电极体系、红外干燥灯、加热搅拌器、气体流量计、气相色谱。

材料：Nafion 112 膜、碳纸(CFP)、药匙、一次性滴管、烧杯、石英培养皿、镊子、容量瓶、磁力搅拌子等。

试剂：六水合硝酸锌、氯化钾、碳酸氢钾、过氧化氢、无水乙醇、硫酸。

四、实验步骤

1. 实验准备

(1) 碳纸的预处理

碳纸的预处理：选用乙醇和去离子水作为清洗剂，将 CFP 利用超声辅助法处理 10min，再将 CFP 浸没在 0.5mol/L H_2SO_4溶液中，利用超声辅助法处理 15min，随后使用去离子水冲洗去除杂质，干燥后备用。

(2) 阳离子交换膜的预处理

取一个烧杯，向里面加入 10mL 预先配制好的双氧水溶液(浓度 30%)和 90mL 的超纯水，水浴 80℃加热处理 1h，1h 后把烧杯中的液体倒掉，并加入 50mL 去离子水继续进行水浴加热 2h，温度为 80℃。最后用去离子水洗净至中性后，放在碳酸氢钾溶液中保存，备用。

(3) 电解液的配制

电沉积过程使用的电解液为 0.05mol/L $Zn(NO_3)_2$与 0.1mol/L KCl 混合溶液；测试过程使用的电解液为 0.1mol/L $KHCO_3$溶液。

2. 催化剂制备

ZnO(OH)/CFP-x 电极的制备：ZnO(OH)/CFP-x 电极采用电化学沉积的方法制备，电沉积过程中的电解液为 0.05mol/L $Zn(NO_3)_2$与 0.1mol/L KCl 混合溶液，阳极材料为铂片，阴极材料为碳纸(CFP)基底，参比电极为 Ag/AgCl 或饱和甘汞电极。电沉积在温度 70℃、电压-1.2V vs. Ag/AgCl 的条件下进行，电沉积时间为 600s。反应结束后，将电极取下，用蒸馏水和乙醇交替洗涤三次，红外干燥灯干燥 10min。最后所获得的材料为 ZnO(OH)/CFP-x(x=600，代表沉积时间)。

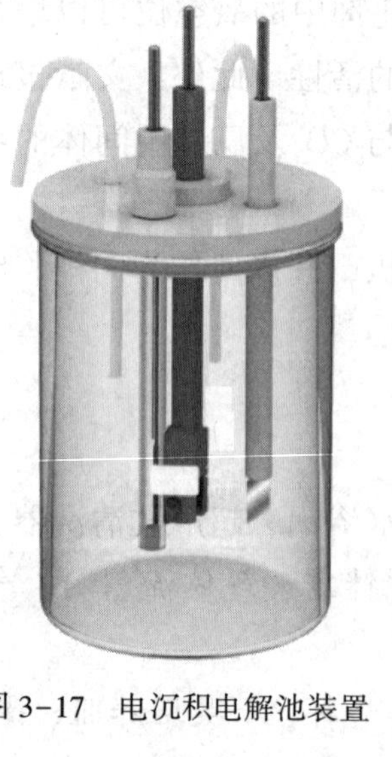

图 3-17　电沉积电解池装置

电沉积过程采用如图 3-17 所示的电解池装置。

3. 测试过程

(1) 组建 CO_2反应装置

电催化还原 CO_2反应在 Flow Cell 系列气体扩散电解池装置系统中进行。该系统包括阴极液流池、阳极液流池、气体进口、气体出口、连接气相等。

Ⅰ. 池体组装步骤

组装顺序如下所示依次进行：

① 按对角顺序依次松开 A 层的 4 颗螺丝。

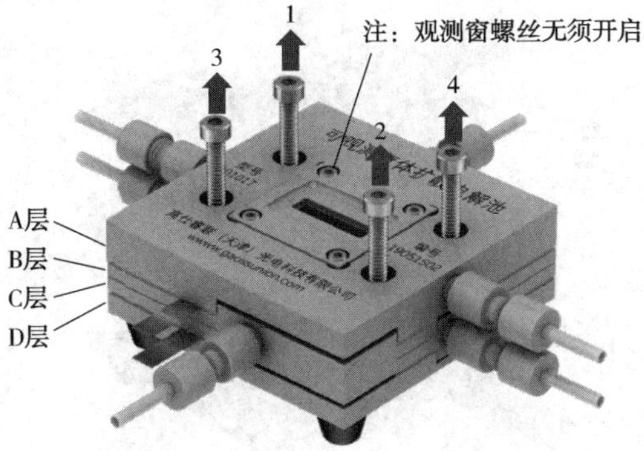

② 准备碳纸垫片层。

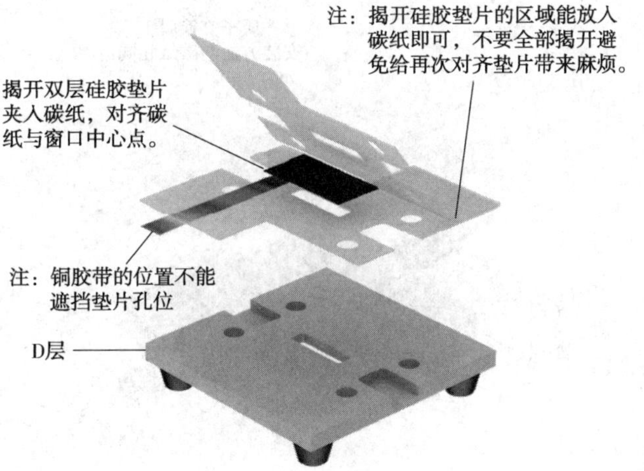

③ 安装碳纸垫片层。

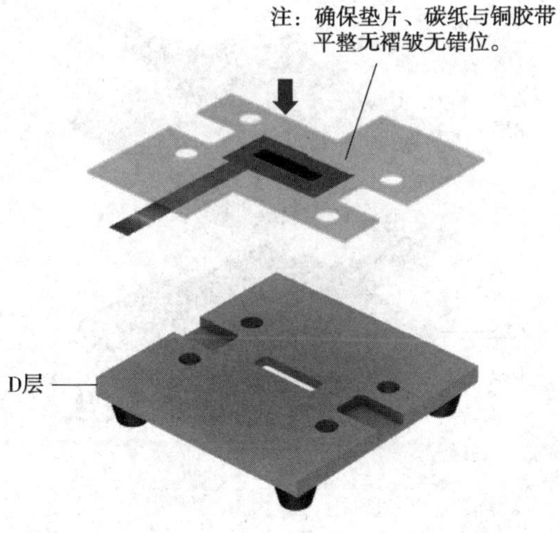

④ 安装 C 层。

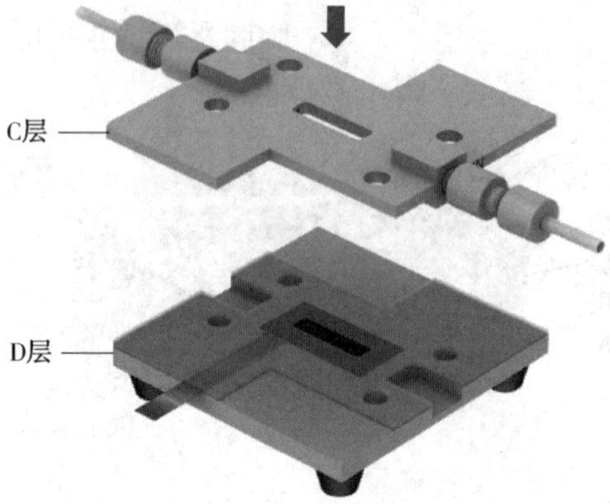

⑤ 安装交换膜垫片层。

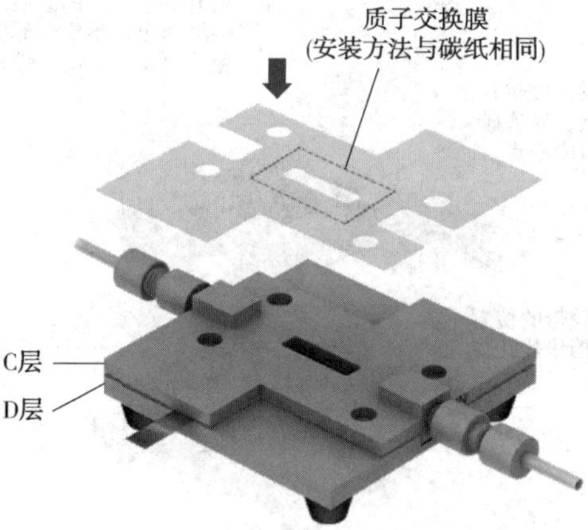

⑥ 安装 B 层。

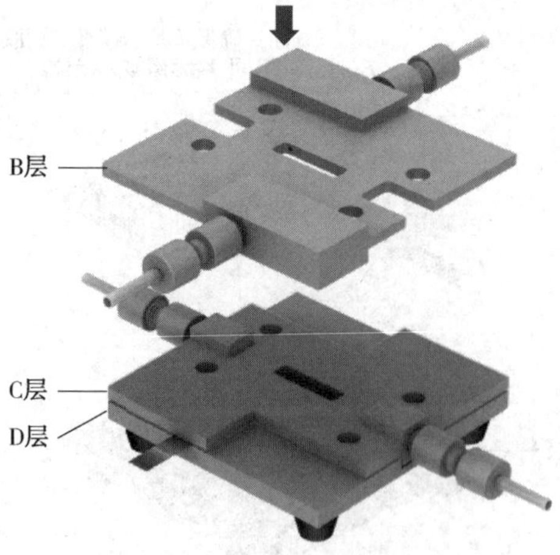

⑦ 安装碳纸垫片层。

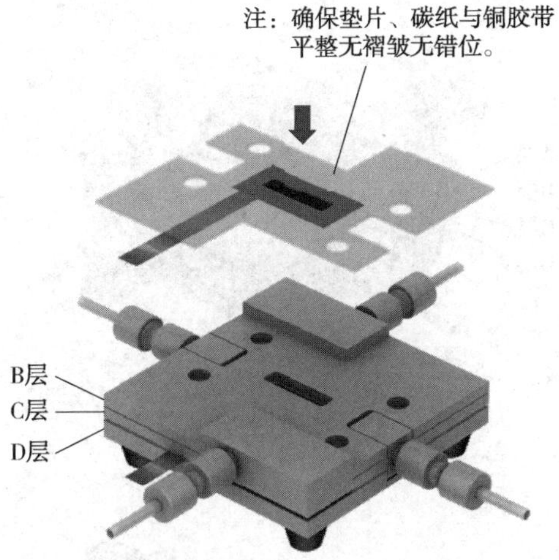

⑧ 安装 A 层。

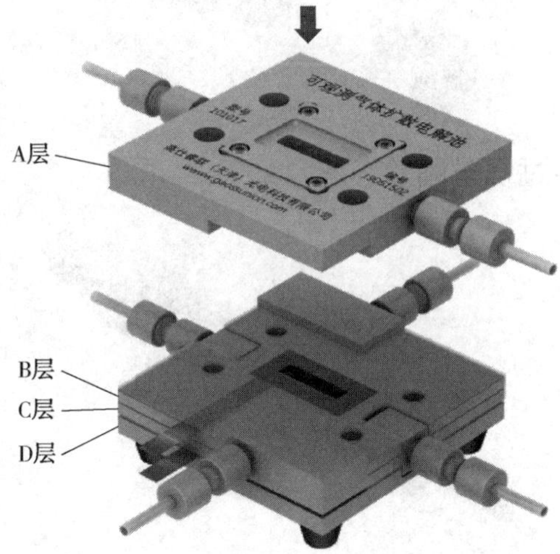

⑨ 按对角顺序依次旋紧 A 层的 4 颗螺丝。

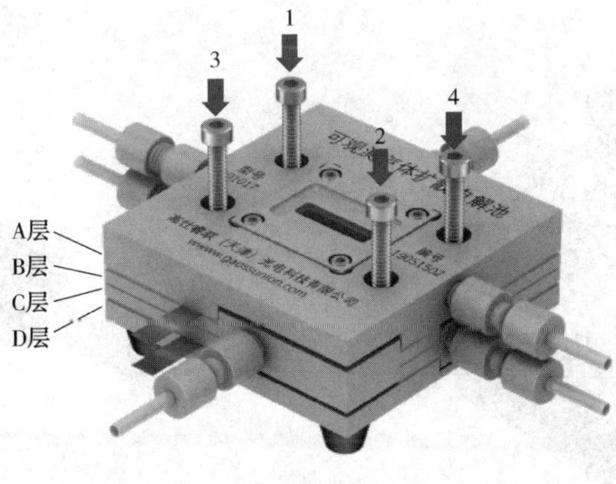

⑩ 电解池主体组装完成。

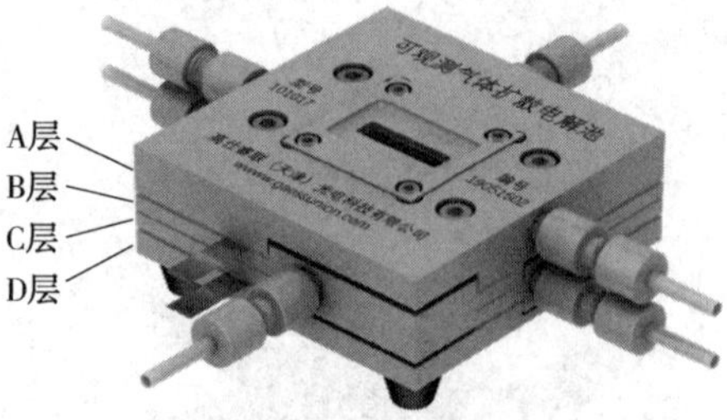

Ⅱ. 快接组装步骤

① 拧下快接螺丝帽。

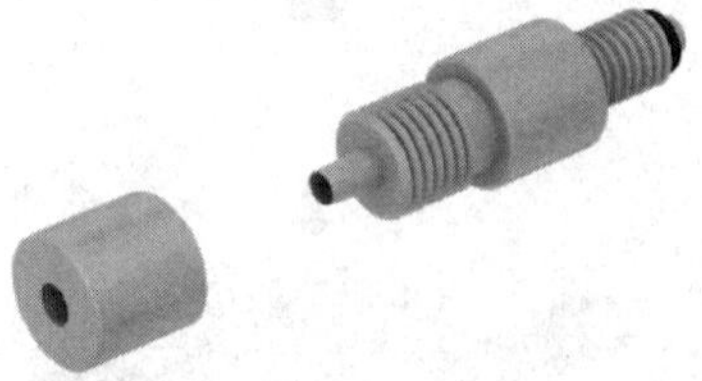

② 将聚四氟乙烯管穿过螺丝帽。

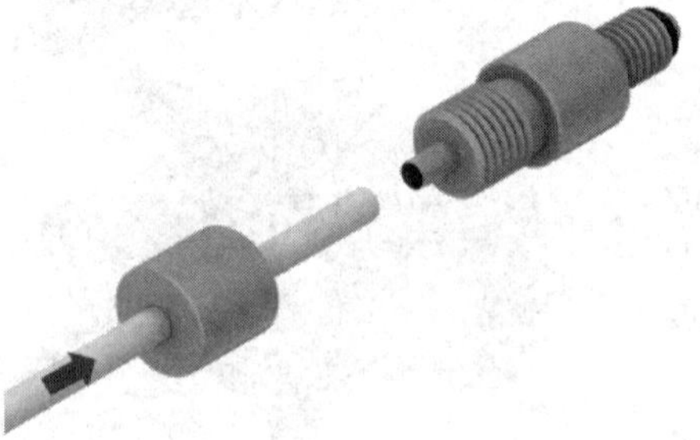

③ 使用扩孔器给聚四氟乙烯管扩口，将扩孔器放置到桌面上手握聚四氟乙烯管施加一定下压力。

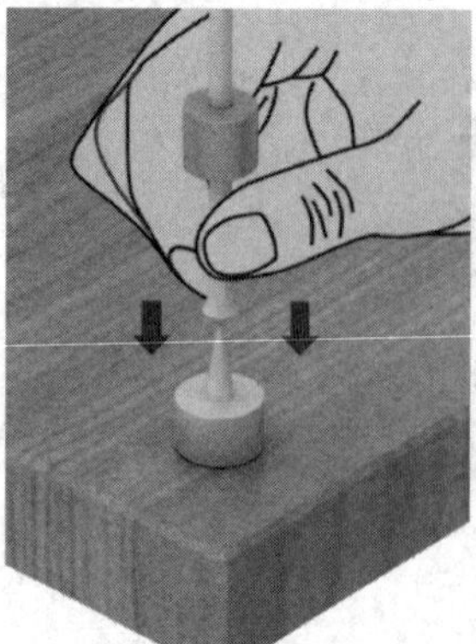

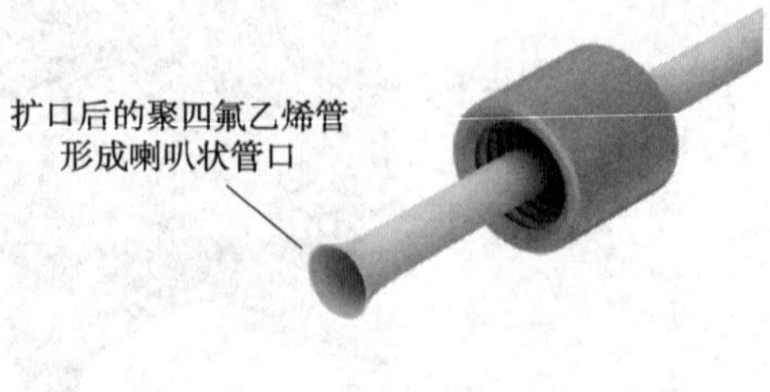

④ 将快接与喇叭口“必须紧密连接”，旋紧螺丝帽。

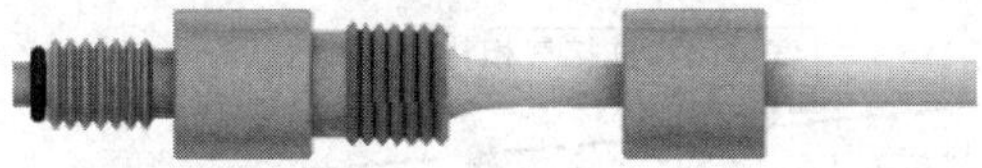

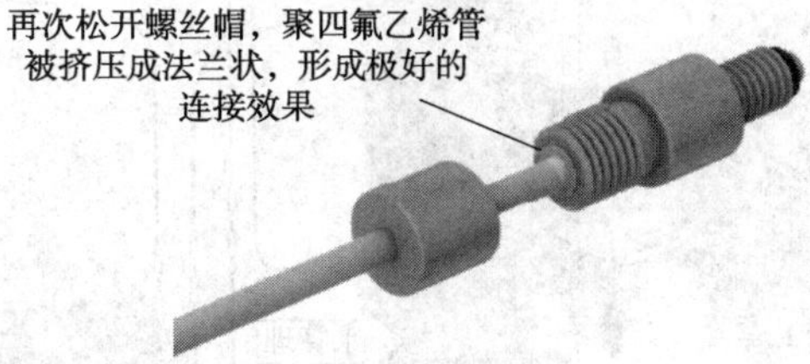

⑤ 套上密封圈，快接组装完成。

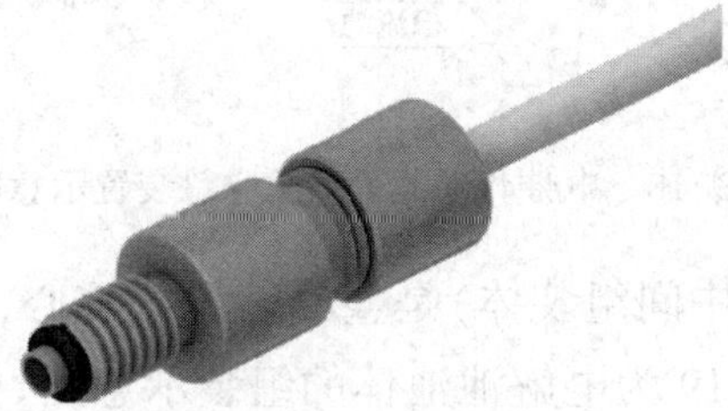

Ⅲ. 气体扩散电解池参比电极组装步骤

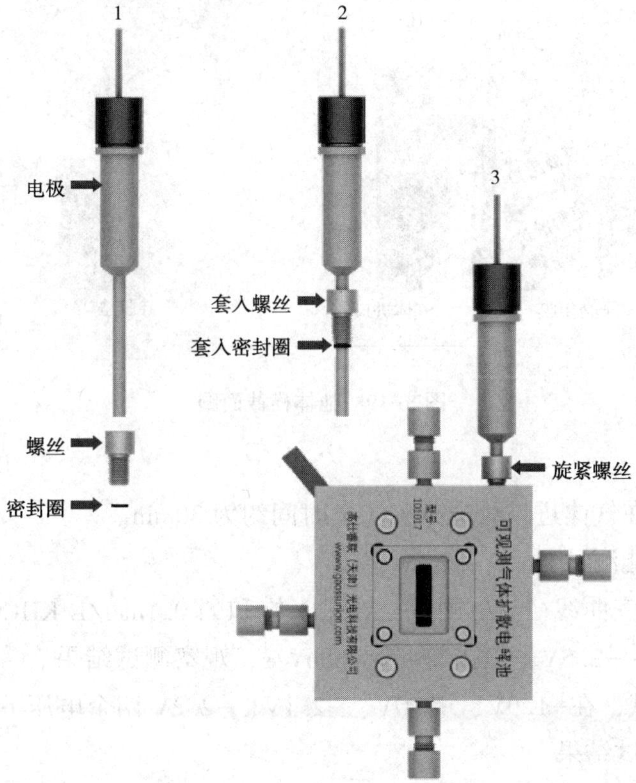

Ⅳ. 电催化还原 CO_2 反应总装置示意图(图 3-18)

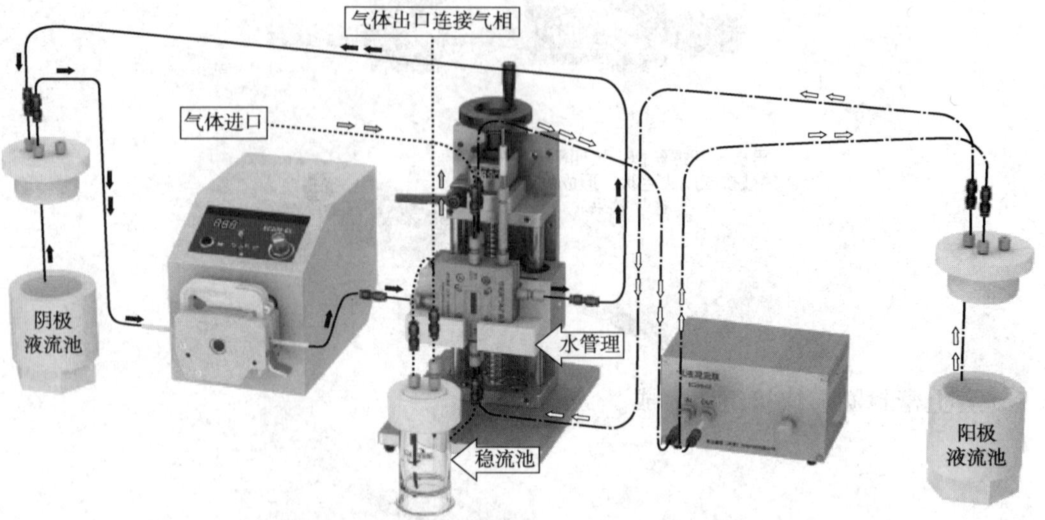

图 3-18　电催化还原 CO_2 反应总装置示意图

图 3-18 中的电解池(正中间组装体)是整套装置的核心，而电解池的组装是本实验的一项实验训练任务。图 3-19 为电解池池体的组装示意图。

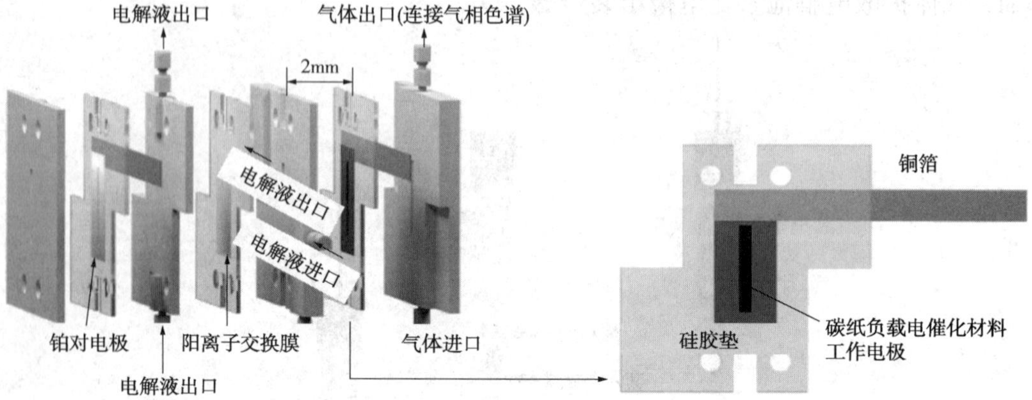

图 3-19　池体横截面图

(2) 通气

电解实验前，在气体进口处通入 CO_2，时间约为 30min。

(3) 电化学性能测试

① 线性扫描伏安曲线(LSV)测试：在 CO_2 饱和的 0.1mol/L $KHCO_3$ 电解液中进行测试，电位范围为-1～-2.5V，扫描速率为 20mV/s，观察测试结果。

② i-t 曲线测试，在-1.9V、-2.0V、-2.1V、-2.2V 四个电压下进行测试，测试时间均为 1h，观察测试结果。

(4) 在线分析

产生的 CO 和 H_2由气相色谱仪在线分析。反应期间，观察气相色谱仪数据并对其进行记录分析。

五、实验数据处理

1. 观察并记录实验数据

将实验数据记录于表 3-20 和表 3-21。

表 3-20 CO 速率与电压的变化表

电压/V									
色谱峰面积									
产 CO 量/μmol									

表 3-21 H_2速率与电压的变化表

电压/V									
色谱峰面积									
产 H_2量/μmol									

2. 数据处理

(1) 分别绘制产 CO 量(V/mL)和产 H_2量(V/mL)在电催化反应不同电压(V)下的关系图。

(2) 计算 CO 生成的法拉第效率，根据下列公式计算法拉第效率，并进行比较分析。

$$法拉第效率=\frac{Q_{实际}}{Q_{理论}}=\frac{V\times n\times F}{V_m\times Q}$$

其中，V是 CO 的体积，$n=2$，F是法拉第常数($F=96485\text{C}\cdot\text{mol}^{-1}$)，$V_m$是气体摩尔体积，$Q$是库伦量($Q=it$，其中$i$为电流大小，$t$为时间)。

六、思考题

1. 简述 CO_2还原技术。

2. 减少二氧化碳的意义有哪些?

第四章　研究开发实验教程

实验九　原位溶胶-凝胶法制备镍基催化剂及苯加氢制备环己烷

一、实验目的

1. 了解原位溶胶-凝胶法制备催化剂方法与原理。
2. 掌握超细镍基催化剂的制备技术。
3. 熟悉加氢评价装置的结构与操作过程。
4. 了解正己烷催化加氢脱烯烃和芳烃的原理。
5. 掌握气相色谱的分析原理和基本操作。

二、实验原理

溶胶-凝胶法是20世纪60年代发展起来的一种制备功能陶瓷粉料的方法，近年来作为超微粒粉体的有效制备方法受到重视。一个呈液态分散高度均匀的体系溶液或溶胶经化学或物理方式的处理整体转变成一个呈类固态分散高度均匀的体系凝胶的过程称为溶胶-凝胶过程，利用这个过程来合成或制备材料称为溶胶-凝胶法。它利用金属无机盐包括配合物或醇盐水解构成溶胶、凝胶，再经过热处理就得到了超微粉体。溶胶-凝胶法中涉及溶胶和凝胶两个概念。所谓溶胶是指分散在液相中的固态粒子足够小(1~100nm)，以至可以通过布朗运动保持无限期的悬浮；凝胶是一种包含液相组分且具有内部网络结构的固体，此时的液体与固体都呈现一种高度分散的状态。该反应过程易于控制，热处理温度低，水解反应可以均匀和分布发生，并能达到原子或分子水平，非常适合于高活性复合组分粉体的制备。

溶胶-凝胶法以其温和的反应条件和灵活多样的操作方式，在制备功能材料方面显示了巨大的潜力。溶胶-凝胶法的基本特点：(1)较低的反应温度，一般为室温或稍高温度，大多数活性组分可以引入此体系中并保持其物理和化学性质；(2)由于反应是从溶液开始，各组分的比例易得到控制，且达到分子水平上的均匀；(3)由于不涉及高温反应，能避免杂质的引入，可保持最终产品的纯度；(4)可根据需要，在反应的不同阶段制取薄膜、纤维或块状等功能材料。

1. 硅酸乙酯水解液水解原理

正硅酸乙酯分子式$(C_2H_5O)_4Si$。工业硅酸乙酯中不单含有正硅酸乙酯，还有其他类型的缩聚产物，化学通式$(C_2H_5O)_{2(n+1)}Si_nO_{n-1}$，$n=1$，2，3…6。并按$n$值来称呼聚合物，如$n=1$为单乙酯，$n=2$为二乙酯，依此类推。$n$越大，其中$SiO_2$含量越多。国内生产的硅酸乙酯大多含$SiO_2$ 30%~34%，可把它称为硅酸乙酯32。

硅酸乙酯本身并不是溶胶，不能起黏结剂作用，必须经过水解成为水解液才具有黏结能力。所谓水解反应就是硅酸乙酯中乙氧基(C_2H_5O)逐步被水中的(OH)所取代，而取代产物又不断缩聚的过程。

正硅酸乙酯的溶胶-凝胶过程可分为三步，第一步是正硅酸乙酯水解形成羟基化的产物(单硅酸)和相应的醇，即水解反应；第二步是硅酸之间或硅酸与正硅酸乙酯之间发生缩合反应形成胶状混合物；第三步由此前形成的低聚合物进一步聚合形成长链三维扩展网络结构，称为聚合反应。需要指出，实际反应中的水解和缩合往往同时进行，这两步生成的混合物为溶胶，第三步聚合构成巨大的三维Si-O-Si网络结构称为凝胶，可以概括为“水解-缩合-聚合”的过程。

2. 钛酸丁酯的水解

钛酸丁酯在酸性条件下，在乙醇介质中的水解反应是分步进行的，总水解反应表示为下式，水解产物为含钛离子溶胶，与正硅酸乙酯水解相同。

$$Ti(C_4H_9O)_4+4H_2O = Ti(OH)_4+4C_4H_9OH$$

一般认为，在含钛离子溶液中钛离子通常与其他离子相互作用形成复杂的网状基团。上述溶胶体系静置一段时间后，由于发生胶凝作用，最后形成稳定凝胶。

$$Ti(OH)_4+Ti(C_4H_9O)_4 = 2TiO_2+4C_4H_9OH$$

$$Ti(OH)_4+Ti(OH)_4 = 2TiO_2+4H_2O$$

在溶胶凝胶法制备过程中，由于胶体粒子具有巨大的比表面能，有自动聚结的趋势，从而形成团聚。此外，凝胶颗粒表面上的自由水分子与自由羟基形成了氢键，当颗粒彼此紧密接近时，产生桥接作用而进一步形成硬团聚。

在硝酸镍负载在正硅酸乙酯、钛酸丁酯水解产生的凝胶(TiO_2-SiO_2)中，烘干、煅烧后，硝酸镍分解为NiO，从而制备了NiO/TiO_2-SiO_2催化剂前驱体，成型加工后，即为超细镍基催化剂。

用于食品萃取剂的正己烷中要求基本不含芳烃。而工业上生产的正己烷馏分中含有烯烃和少量芳烃。通过加氢精制可显著降低其中的烯烃和芳烃。本试验采用固定床作为催化剂评价装置，探索催化剂的制备条件对产物转化率的影响。

三、实验装置和试剂

1. 实验装置

磁力搅拌器，2 套；烧杯：250mL，5 只；量筒：10mL、50mL 各 1 只；药勺，1 个；一次性滴管，若干；培养皿，1 个；坩埚，1 个；温度计(0~100℃)，1 支。

催化剂成型挤出装置；挤条机；马弗炉；烘箱；不锈钢筛。

采用的加氢评价装置属于小型固定床反应器，用于研究评价各种加氢催化剂的性能，包括加氢脱硫、加氢脱氮、加氢脱氧、苯加氢、烯烃饱和、油品精制等催化剂。装置配置两个气路，一个液路。

本次实验采用的是 5mL 装填量的固定床反应器，此套装置由五大系统组成：液体进料系统、气体进料系统、反应系统、冷凝分离系统、尾气自动排放系统与计量系统。气体进气量采用质量流量控制器精密控制，液路采用精密计量泵控制进料量。反应炉分为预热段、恒温段和保温段三部分，预热段是给原料预热气化的，其加热温度根据加氢原料自身性质来设定。装置设计了三段温度控制以此确保反应温度的稳定。实验流程示意如图 4-1。

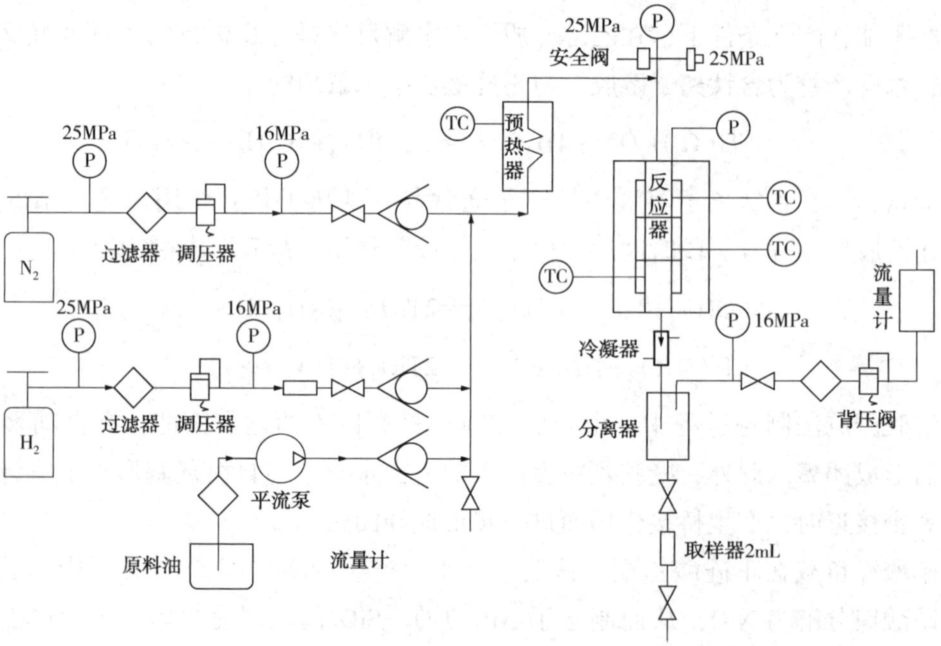

图 4-1　加氢实验装置流程示意图

2. 实验试剂

(1) 正硅酸乙酯(化学纯)；钛酸丁酯(化学纯)；$Ni(NO_3)_2 \cdot 6H_2O$(化学纯)；硝酸(化学纯)；无水乙醇(化学纯)；乙二醇(化学纯)；去离子水。

(2) SB 粉(工业级、化学纯)，大孔 Al_2O_3(工业级、化学纯)，田箐粉(工业级、化学纯)，乙酸(化学纯)，柠檬酸(化学纯)。

(3) 正己烷，分析纯；H_2，99.99%；催化剂：镍基超细催化剂，用量 3mL；石英砂分析纯，40mL。

四、实验步骤及方法

本实验催化剂制备过程分两部分：催化剂活性前驱体制备及催化剂成型。

1. 催化剂活性前驱体制备

以正硅酸乙酯、钛酸丁酯、硝酸镍为原料，用改进的原位溶胶-凝胶法制备不同 Ni 担载量的 NiO/TiO_2-SiO_2 催化剂。制备过程如下：(正硅酸乙酯+钛酸丁酯)：无水乙醇：稀硝酸(pH 为 4~5)按一定比例进行水解、缩聚，得到 TiO_2-SiO_2 溶胶 A(放置 1~2 天)；将稀硝酸(pH 为 4~5)、乙醇、乙二醇按一定比例配制，溶解一定量的 $Ni(NO_3)_2$(由催化剂中的镍含量确定)，室温下搅拌 2h(至少 80min)，形成 B 溶液。

在恒温搅拌状态下，将溶液 B 加入溶胶 A 中，持续恒温搅拌，直至生成黏稠状绿色透明的湿凝胶。湿凝胶经 105℃干燥后放入马弗炉，550℃煅烧 4h，得到块状催化剂前驱体 NiO/TiO_2-SiO_2。前驱体样品经粉碎、筛分后进一步成型(前驱体的苯加氢活性更高)。

催化剂制备过程流程见图 4-2。

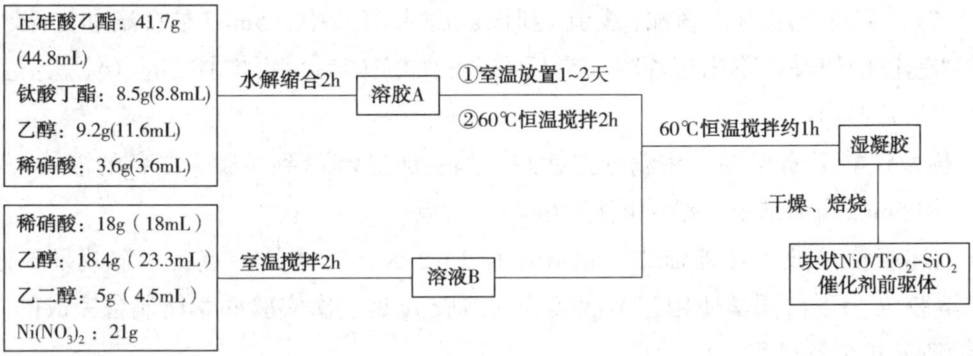

图 4-2 催化剂前驱体制备过程流程

本实验选择制备 Ti：Si=1：8(mol)的 TiO_2-SiO_2 溶胶作为载体，在其上负载质量分数 28%的 NiO 作为催化活性组分。根据实验要求的不同，可以选择不同的钛硅比，也可以选择负载不同的活性组分。

(1) 投料量

① 已知溶胶 A 的配方

正硅酸乙酯(TEOS)：稀硝酸水溶液(pH 4~5)：无水乙醇：钛酸丁酯=1：1：1：0.125(摩尔比)。

本实验按 0.2mol SiO_2基准计量，各物质(纯度均按 100%计)的质量如表 4-1 所示。

表 4-1　溶胶 A 物质量

物质	正硅酸乙酯	稀硝酸	乙醇	钛酸丁酯
质量/g	41.7(约 44.8mL)	3.6(3.6mL)	9.2(约 11.6mL)	8.5(约 8.8mL)

② 已知溶液 B 的配方

以溶胶 A 中 SiO_2的 1mol 数为基准：5(稀硝酸水溶液，pH 4~5，mol)：2(乙醇，mol)：0.4(乙二醇，mol)；

活性组分 NiO 占总催化剂量的 28%(质量)，即 $NiO\% = \frac{w_{NiO}}{w_{NiO}+w_{SiO_2}+w_{TiO_2}} = 28\%$。

按 0.2mol SiO_2计量，各物质的质量如表 4-2 所示。

表 4-2　溶液 B 物质量

物质	$Ni(NO_3)_2 \cdot 6H_2O$	稀硝酸	乙醇	乙二醇
质量/g	21	18(18mL)	18.4(约 23.3mL)	5(约 4.5mL)

(2) 催化剂前驱体制备过程

① Ti-Si 溶胶(溶胶 A)制备过程(两步水解法)

a. 取稀硝酸水溶液(pH 4~5)3.6g，乙醇 9.2g 倒入烧杯中，开始搅拌，称取正硅酸乙酯 41.7g，室温下用滴管滴加(线流)到该乙醇水溶液中，5min 左右滴加完毕，请注意，滴加速度的快慢以不出现浑浊液为标准，滴加完毕后，再搅拌 2h。(注意：上述过程体系微微升温。)

b. 称取钛酸丁酯 8.5g，用滴管把钛酸丁酯滴加(线流)到步骤 a 制备的液体(保持搅拌)中，约 5min 滴加结束，继续搅拌 20min，结束。

* 上述溶胶 A 放置在器皿中，室温保存 1~2 天，时间长一点，水解效果更好。因此，本溶胶 A 为下次同学使用，本次实验的溶胶 A 是上次实验同学所制备完成的。

② 溶液 B 制备过程

称取 $Ni(NO_3)_2 \cdot 6H_2O$ 21g 加到烧杯中，加入稀硝酸水溶液(pH 4~5)18g、乙醇 18.4g、乙二醇 5g，溶解 $Ni(NO_3)_2$，室温下搅拌 2h，形成溶液 B。

(3) 成胶过程

取上述溶胶 A，在恒温水浴(60℃)搅拌 2h，继续水解。取步骤②所制的溶液 B，用滴管(线流)滴加到溶胶 A(60℃，保持搅拌)中，滴加时间约为 5min，一直搅拌到漩涡不再出现，有微小气泡出现为止(约 1h)，该溶胶-凝胶像果冻状胶，倒入培养皿中。

(4) 室温晾干

上述溶胶-凝胶室温晾干(2~3 天)。

（5）烘干过程

上述溶胶-凝胶分别在60℃、80℃和105℃的烘箱中各烘1天，使硝酸镍分解为氧化镍，有部分NO_x气体产生。

（6）煅烧过程

烘干后，催化剂在马弗炉中550℃煅烧4h即得块状催化剂活性组分（NiO/SiO_2-TiO_2）。

2. 催化剂成型（选做）

上述NiO/SiO_2-TiO_2催化剂前驱体原料在一定外力作用下互相聚集，制成具有一定形状、大小和强度的固体颗粒的单元操作过程属于催化剂的成型过程。成型过程中根据粉体性能，常添加少量的某些物质，以改善成型粉体的附着性、凝集性，达到满意的成型效果。这些物质称为成型助剂，分为黏结剂、润滑剂、孔结构改性剂等，比如由于作为载体的TiO_2-SiO_2中的SiO_2为惰性物料，成型时必须掺入适量的成型助剂才能顺利完成。

选用化学黏结剂，化学黏结剂的作用是借用它的组分之间发生化学反应或黏结剂与物料之间发生化学反应，从而增加物料粒子间的黏结强度。

本催化剂选用的化学黏结剂为Al_2O_3粉体与水，稀硝酸、硝酸中加乙酸与柠檬酸所混合形成的复合型黏结剂（铝溶胶，硅溶胶效果可能会更好）。Al_2O_3的含量是催化剂粉体质量的约25%，此处Al_2O_3粉体是SB粉（拟薄水铝石相，固含量按70%计算），也可以用大孔Al_2O_3粉体（固含量按70%计算）。

选用田箐粉为润滑剂，可使粉体层承受的压力很好地传递，成型压力均匀及产品容易脱模，并使壁和壁之间摩擦系数变小。

孔结构改性剂，在成型的混捏过程中加入少量聚乙二醇，可降低堆密度，增加孔体积。

（1）投料量

以25g NiO/SiO_2-TiO_2催化剂粉体为例，Al_2O_3粉体相应取8.9g（SB粉与大孔Al_2O_3粉体各一半），田箐粉取0.18g，硝酸取0.25g（3mol/L），乙酸取0.65g，柠檬酸取0.36g，0.15mol/L稀酸约10g。

（2）挤条成型步骤

用球磨机细磨块状催化剂活性组分（NiO/SiO_2-TiO_2），筛选300目以下的粉体（25g）置于大钵内，先加入计算量的田箐粉，SB粉，大孔Al_2O_3粉体，充分混合。

计算量的硝酸、稀酸、柠檬酸，乙酸混合于小烧杯里，用滴管缓慢少量地滴加入粉体内。（滴加必须谨慎，过量则使湿物料过稀，无法捏合成一整体。）

对已润湿的粉体充分挤压混捏，捏合成充分团聚在一起的湿物料，然后送入挤条机，粉体以与模具孔板开孔相同的截面形状从另一端排出。

成型后的催化剂，送入烘箱105℃恒温烘3h，最后送入马弗炉以550℃中温焙烧4h，得到超细镍基加氢催化剂。

加氢催化剂评价实验主要分为固定床加氢实验和产物气相色谱检测实验，具体步骤如下：

1. 检查系统气密性

反应器装好催化剂后，安装到加热炉中，并连接好管路，然后检查系统的气密性。打开氢气源，氢表的分压指示超过操作压力，本实验检查用氢气压力10kgf/cm^2，关闭截止阀，用肥皂水检测有无泄漏。

2. 反应条件

加氢工艺参数有温度、空速、压力、氢油体积比。该催化剂的反应压力设定为：0.4MPa；反应温度：80~160℃；空速：0.5~5h^{-1}；氢气流量：按H_2/正己烷>3计算。反应工艺参数手工设定。

3. 加氢评价装置操作

（1）催化剂装填

先将反应器用乙醇清洗几次并烘干。装填时在反应管上先将反应器恒温段用粉笔标出，先装入石英砂，采用边装边敲击反应器外壁的方式，使石英砂填装紧实。石英砂装至反应器恒温段下端，则再装入催化剂，同样需敲击反应器外壁，使之装填紧实、均匀。装至恒温段上端(恒温段6cm)，再装填石英砂，用同样方法，装填至反应器充满。反应器中共装入40g石英砂。然后将反应器装入加氢装置的保温夹层中，合上保温夹套，连接好上、下接管，把热电偶插入反应器恒温段中部，即为催化剂装填完毕。

（2）装置试漏

对连接好的固定床加氢装置进行检漏。打开氮气钢瓶总阀和分压阀，打开装置进气阀、尾气出口阀，待整个系统达到一定压力后(尾气出口用管道连接放置在水中，有气泡出来即装置压力稳定)关闭钢瓶总阀，关闭进气阀和尾气出口阀。用肥皂水检查各部件连接处，如无漏气，则可以关闭氮气进气阀，切换氢气进行加氢实验。

（3）加氢精制实验步骤

① 打开氢气钢瓶总阀和分压阀，打开氢气进气阀和尾气出口阀。打开总电源、预热器温控电源、反应器温控电源1、2、3。

② 对各温度进行设定：预热器温度30℃，反应器温控1、2、3均为30℃。根据实验需要设置反应压力；气体流量根据氢油比进行相应设置。

③ 原料进料流量设置。打开进料泵，依据空速设置进料流量，按“Run”进料。

④ 当各温度达到预设温度后，依次增加设定温度，缓慢升温，直至各温度达到实验要求。同时相应地调节反应压力到所需数值。

⑤ 当系统各参数达到实验所需数值时，先反应 1~2h 后，再出料，将装置开机以来的产品从系统中排出；然后再反应 1h 后，取样分析该条件下加氢精制产品的碘值和芳烃含量(本次实验原料中不含烯烃)。反应时间按照进料量可以进行相应的更改。

⑥ 改变相关试验条件，可进行下一次加氢实验。

⑦ 实验结束后，先将预热器温控、反应器温控 1、2、3 设为 30℃，关闭预热器温控、反应器温控 1、2、3 的电源开关。打开反应器保温夹套，待反应器温度降至 150℃ 以下，关闭原料油进样泵和总电源。最后关闭氢气钢瓶总阀，关闭进气阀和尾气出口阀。

4. 色谱操作

(1) 色谱分析条件

采用氢火焰检测器；毛细管检测柱，PEG 20W(0.5×ϕ0.32×30m)，最高使用温度为 200℃；氮气钢瓶分表压力为 0.4MPa，氢气钢瓶分表压力为 0.25MPa，空气钢瓶分表压力为 0.3MPa。色谱仪上载气 I(氮气)柱前压：0.06MPa；氢气柱前压：0.07MPa(点火时调至 0.1MPa)；空气柱前压：0.07MPa。柱温：65℃；进样器：180℃；检测器：180℃。进样量为 0.2μL。

(2) 开机顺序

① 先打开氮气和氢气钢瓶的总阀和分阀，分压分别为：氮气，0.4MPa；氢气，0.25MPa。调节色谱仪上载气 I(氮气)柱前压为 0.06MPa；氢气柱前压为 0.07MPa。

② 打开色谱仪电源开关(位于仪器右侧后下方)。

③ 仪器面板上的屏幕显示“欢迎进入气相色谱系统”界面。按面板上的“菜单”可进入各种参数的设置。

④ 温度控制：柱箱温度设定，输入温度数值后，按“确定”；并用面板上的水平箭头，将光标调至后面的位置，输入“1”，设置为“开”(输入“0”则为“关”)。同样方法设置进样 1(FID)、检测器(FID)等温度。

⑤ 温度控制设置完成后，按面板上的“菜单”，按水平方向的箭头进入检测器设置界面，选用 FID 检测器。

⑥ 打开计算机，点击桌面上的 N2000 色谱工作站的“On-line”快捷键，进入工作站界面，勾选通道 1 为 FID 检测器。

⑦ 对于 FID 检测器：当温度升至各设定值后，打开空气钢瓶的总阀和分阀，分压为 0.3MPa，色谱仪上空气压力调至 0.07MPa。将色谱仪上氢气的柱前压调至 0.1MPa，用点火枪点火。此时通道 1 数据采集界面上的查看基线，若氢火焰点着，那基线上有明显的强峰出现，且氢火焰点着后，调节前检测调零旋钮(位于仪器右侧后下方)，基线

同步变化。

⑧ 样品分析。对于 FID 检测器(通道 1)：进样量为 0.2μL，氢火焰点着后，即可进样，并在色谱处理软件的数据采集界面，点击“采样开始”，待所有峰出来并积分后，点击“采样结束”。可以直接打印色谱分析结果。

⑨ 所有分析结果均自动保存在“D：\浙江智达\N2000\样品”目录下。要查看，需点击电脑桌面上的“Off-line”分析快捷键进入。

⑩ 样品分析结束，关闭电脑。在色谱仪面板上按“菜单”，进入温度控制界面，将各温度设置后的“开”分别输入“0”和“确定”，显示为“关”后，仪器会自动打开后门开始降温，当柱箱温度降到 60℃ 以下后，即可关闭色谱仪电源，并关闭所有气体钢瓶的总阀。

五、实验数据记录与处理

1. 计算本实验 NiO/SiO_2-TiO_2 催化剂前驱体的理论收率。

2. 具体计算上述催化剂制备及成型过程中各物质的量。

3. 产品分析：采用气相色谱分析，结果由色谱处理机打印。

4. 正己烷中含有的少量苯加氢还原为环己烷，其相对校正因子见表 4-3。

表 4-3 反应体系的校正因子

组分	校正因子值
苯	1.0
正己烷	1.1
环己烷	1.05

5. 根据不同温度、空速、氢/油比，取样分析的产品组成，绘制苯加氢的转化率、选择性与温度、空速、氢/油比的关系图。

六、思考题

1. 改变催化剂中 Ni 的含量，对正己烷加氢精制去芳烃的催化剂活性有何影响？

2. 原位溶胶-凝胶法除制备镍基催化剂外，是否可用于制备其他催化剂，具体用在哪些反应体系？

3. 结合催化课程所学内容，试述本装置的使用原理，除可以正己烷加氢外，还可以进行哪些类型反应的实验研究？

4. 简述正己烷催化加氢精制脱芳烃的原理，分析处理实验的结果。

5. 加氢加压装置操作注意事项。通过实验，谈一谈有何收益？

实验十 啤酒酿造实验

啤酒是以大麦芽、酒花、水为主要原料，经酵母发酵作用酿造而成的包含二氧化碳的低酒精度酒。啤酒具有独特的苦味和香味，营养成分丰富，含有各种人体所需的氨基酸及多种维生素、泛酸以及矿物质等。

啤酒有多种分类方法，以发酵方式可分为上面发酵啤酒和下面发酵啤酒；以色泽可分为淡色啤酒、浓色啤酒以及黑啤酒；以灭菌方式可分为鲜啤酒、生啤酒以及熟啤酒。

人类使用谷物制造酒类饮料已有8000多年的历史，啤酒业在19世纪末传入中国。

一、啤酒酿造原料

啤酒的原料为大麦、酿造用水、酒花、酵母以及辅料(玉米、大米、大麦、小麦等)。

(1) 大麦。大麦是一种坚硬的谷物，成熟比其他谷物快得多，正因为用大麦制成麦芽比小麦、黑麦、燕麦快，所以才被选作酿造的主要原料。没有壳的小麦很难发出麦芽，而且也很不适合酿酒。大麦的主要化学成分是淀粉、蛋白质、纤维素、半纤维素和脂肪等。啤酒酿造工艺中使用大麦芽作为制麦芽汁的原料是因为，大麦在发芽过程中产生的各种水解酶对糖化过程中淀粉的转化能起到很好的作用，通过大麦的发芽，激活的这些酶同时在发芽过程中也能使淀粉及蛋白质发生轻度的水解(麦芽的溶解)，使出糖效果更好。

(2) 酒花。酒花作为工业的原料开始使用于德国。中国人工栽培酒花的历史始于东北，目前在新疆、甘肃、内蒙古、黑龙江、辽宁等地都建立了较大的酒花原料基地。使用的主要目的是：利用其苦味香味，赋予啤酒香味和爽口的苦味；提高啤酒泡沫的持久性；使蛋白质沉淀澄清麦汁；提高啤酒的防腐能力。

(3) 酵母。酵母是真菌类的一种微生物。在啤酒酿造过程中，酵母是魔术师，它把麦芽和大米中的糖分发酵成啤酒，产生酒精、二氧化碳和其他微量发酵产物。这些微量但种类繁多的发酵产物与其他那些直接来自麦芽、酒花的风味物质一起，组成了成品啤酒诱人而独特的感官特征。有两种主要的啤酒酵母菌：“顶酵母”(saccharomyces cerevisiae，也称上面酵母或啤酒酵母)和“底酵母”(saccharomyces carlsbergensis，也称下面酵母或卡尔酵母)。顶酵母和底酵母，两者在细胞形态、发酵能力、凝聚性以及啤酒发酵温度等方面有明显的差异。用于生产上的啤酒酵母种类繁多，造成啤酒风味各异。

用显微镜看时，顶酵母呈现的卵形稍比底酵母明显。“顶酵母”名称的得来是由于发酵过程中，酵母上升至啤酒表面并能够在顶部撇取；“底酵母”则一直存在于啤酒内，在发酵结束后并最终沉淀在发酵桶底部。

(4) 辅料。在酿造啤酒中为了降低生产成本，提高出酒率，改善啤酒风味和色泽，增强啤酒的保存性，在糖化操作时，常用大米、大麦、玉米和蔗糖等其中的一种来代替部分麦芽。在我国一般习惯都使用大米，而欧美国家普遍使用玉米。

二、试验设备

本实验采用的是山东中德 CGs-0.2，生产能力为 200L 的啤酒试验设备，啤酒酿造工艺流程示意见图 4-3。

该设备按功能可分为以下几个部分：

(1) 粉碎设备；

(2) 糖化设备(糖化锅、糊化锅)；

(3) 发酵设备(发酵罐、接种器)；

(4) CIP 系统(洗涤/杀菌罐、移动泵)；

(5) 制冷设备(冷凝器、蒸发器、换热器、冰水罐)；

(6) 控制设备。

按外观可分为：

(1) 罐体部分；

(2) 管路阀门及泵；

(3) 移动部分(洗车、接种器等)；

(4) 控制部分。

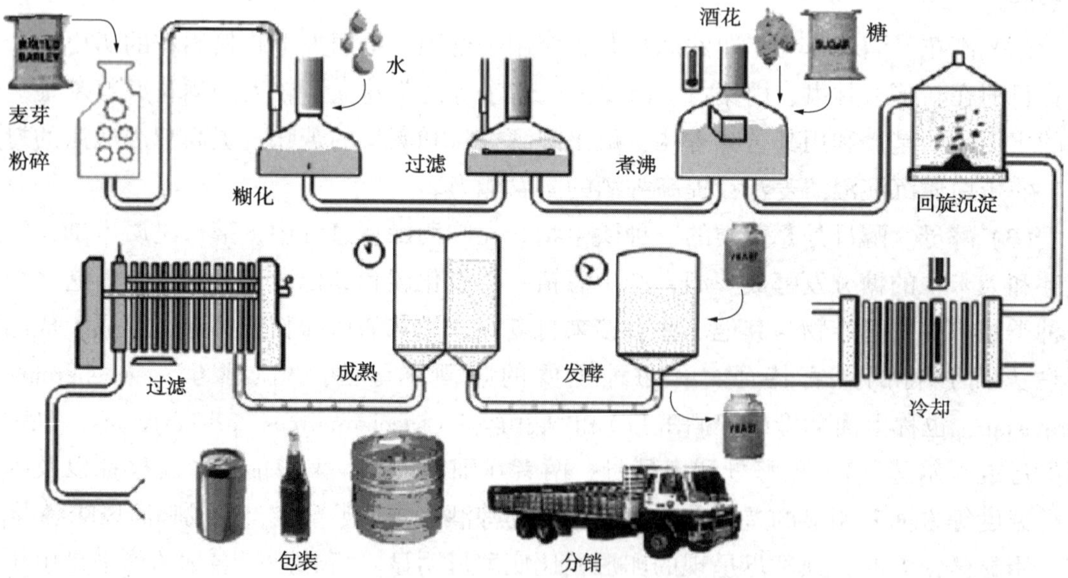

图 4-3 啤酒酿造工艺流程图

三、啤酒发酵机理

1. 发酵主产物——乙醇的合成途径

麦芽汁中可发酵性糖主要是麦芽糖，还有少量的葡萄糖、果糖、蔗糖、麦芽三糖等。单糖可以直接被酵母吸收，转化为乙醇，寡糖则需要分解为单糖后才能被发酵。由麦芽糖生物合成乙醇的生物途径，总反应如下：

$$\frac{1}{2}C_{12}H_{22}O_{12}(\text{麦芽糖})+\frac{1}{2}H_2O \longrightarrow C_6H_{12}O_6(\text{葡萄糖})+2ADP+2Pi \longrightarrow$$
$$2C_2H_5OH+2CO_2+2ATP+226.09kJ$$

式中 ADP——二磷酸腺苷；

Pi——磷酸根；

ATP——三磷酸腺苷。

从理论上讲，每 100g 葡萄糖发酵后可以生成 51.14g 乙醇和 48.86g CO_2。实际上，只有 96%的糖发酵为乙醇和 CO_2，2.5%用于生成其他代谢副产物，剩余的 1.5%用于菌体的合成。

发酵过程是糖的分解代谢过程，是放能反应。每 1mol 葡萄糖发酵后释放的总能量为 226.09kJ，其中 61kJ 以 ATP 形式储存下来，其余的以热的形式释放出来，因此发酵过程中必须及时冷却，避免发酵温度过高。

葡萄糖的乙醇发酵过程共有 12 步生物化学反应，具体分为 4 个阶段：

(1) 葡萄糖磷酸化生成已糖磷酸酯(3 步反应)；

(2) 磷酸已糖分裂为 2 个磷酸丙酮(2 步反应)；

(3) 3-磷酸甘油醛生成丙酮酸(5 步反应)；

(4) 丙酮酸生成乙醇(2 步反应)。

2. 啤酒发酵副产物的形成

在发酵过程中还有副产物的形成，如连二酮类、高级醇、有机酸、醛类等。这些副产品对于啤酒的成熟和产品的口味有很大的影响，如双乙酰具有馊饭味，是造成啤酒不成熟的主要原因；高级醇含量高，饮用后容易出现“上头”，啤酒口味也差。

(1) 双乙酰的形成

双乙酰是由丙酮酸在生物合成缬氨酸时的中间代谢产物 α-乙酰乳酸转化得到的，是啤酒发酵的必然产物。其合成机理为：丙酮酸与 TPP(焦磷酸硫胺素，为辅羧酶，能催化氧化脱羧反应)结合，使丙酮酸转化为活性丙酮酸；脱羧后变成活性乙醛，再与丙酮酸缩合成 α-乙酰乳酸。α-乙酰乳酸经过酵母体外非酶氧化生成双乙酰。

(2) 高级醇的形成

高级醇主要由氨基酸氧化脱氨形成，其代谢过程包括：

① 氨基酸被转化为 α-酮酸；

② 酮酸脱羧成醛；

③ 醛还原为醇。

四、原料处理及工艺流程

1. 制麦芽

刚收获的大麦经过储存、精选、浸麦、发芽、干燥、除根六道工序之后制成大麦芽供给后续工序使用。大麦必须通过发麦芽过程将内含难溶性淀粉转变为用于酿造工序的可溶性糖类。大麦的主要化学成分是淀粉，其次是蛋白质、纤维素、半纤维素和脂肪等。麦芽制造的过程见图 4-4。

图 4-4　麦芽制备流程图

2. 粉碎

粉碎前对大麦芽进行增湿，要求粉碎的麦芽谷皮破而不碎，粗粉与细粉的比例为 1∶2.5 以上。如果谷皮粉碎过细，不仅会造成麦芽汁过滤困难，而且谷皮中的单宁、色素等不良成分的溶出量也会增加。粉碎的操作在粉碎机中进行。

3. 糖化

糖化就是利用麦芽所含的各种水解酶，在适宜的条件下，将麦芽中不溶性高分子物质(淀粉、蛋白质、半纤维素及其中间分解产物)，逐步分解成低分子可溶性物质的过程。另外，用于添加的辅料中的淀粉也是在麦芽糖化阶段被最后水解成葡萄糖的。即用于酿制啤酒的麦芽汁，其含有的葡萄糖、氨基酸等营养成分，主要是通过麦芽糖化获得的。整个过程主要包括：淀粉分解，蛋白质分解，β-葡聚糖分解，酸的形成和多酚物质的变化。

糖化的方法采用煮出糖化法。糖化的操作在糖化锅中进行，具体操作：

(1) 在糖化锅中按与麦芽 1∶2 的比例加入水，升温至 37℃。

(2) 开启糖化锅搅拌，把粉碎好的麦芽加入糖化锅中，静置 20min。

(3) 开启搅拌，同时升温至 45℃，升温速度控制在 1.5℃/min。此时进行有机磷酸盐的分解，β-葡聚糖的分解，蛋白质的分解等过程。静置 40min。

(4) 开启搅拌，同时升温至 65℃，升温速度控制在 1.5℃/min。静置 70min。这个温度区间有利于含氮物质的形成以及 β-淀粉酶的作用，大量麦芽糖形成。

(5) 开启搅拌，同时升温至 78℃，升温速度控制在 1.5℃/min。此时糖化工序基本结束。

4. 过滤

啤酒过滤澄清的原理主要是通过过滤介质的阻挡作用(或截留作用)、深度效应(介质空隙网罗作用)和静电吸附作用等使啤酒中存在的微生物、冷凝固物等大颗粒固形物被分离出来，而使啤酒澄清透亮。常用的过滤介质有硅藻土、滤纸板、微孔薄膜和陶瓷芯等。

(1) 阻挡作用：啤酒中比过滤介质空隙大的颗粒，不能通过空隙而被截留下来。对于硬性颗粒将附着在过滤介质表面形成粗滤层，而软性颗粒会黏附在过滤空隙中甚至使空隙堵塞，降低过滤效能，增大过滤压差。

(2) 深度效应：过滤介质中长且曲折的微孔通过对悬浮颗粒产生一种阻挡作用，对于比过滤介质空隙小的微粒，由于微孔结构的作用而被截留。

(3) 静电吸附作用：有些比过滤介质空隙小的颗粒以及具有较高表面活性的高分子物质，如蛋白质、酒花树脂、色素等，因为自身所带电荷与过滤介质不同，则会通过静电吸附作用而截留其中。

将糖化醪采用过滤槽法用于发酵的麦芽汁与其他杂质分离。过滤在过滤槽中进行。具体操作：把糖化好的麦芽汁用泵打入过滤槽中，静置 20min 后，用回流过滤的方法，过滤麦汁。过滤 20min 后，取样测原麦汁浓度。原麦汁过滤至将近露出糟面时进行洗糟，依据原麦汁浓度估算洗糟水量，用糖化锅内的 80℃ 热水洗糟，洗糟三次。

5. 煮沸

经过滤得到的原麦芽汁须经煮沸，并在煮沸过程中添加酒花，其目的是：

(1) 将原麦芽汁蒸发、浓缩，使达到所要求的浓度。

(2) 通过加热，使麦芽蛋白质在微酸性条件和酒花存在下成片析出，其成分主要是蛋白质、多酚物质的复合物、被复合物吸附的酒花树脂和铁、铜等金属离子。这种片状的复合物沉淀，一部分在 60℃ 以上析出，另一部分在麦芽汁冷却过程中析出。

(3) 使酒花的成分溶出。

(4) 破坏 α-淀粉酶及其他酶的活性。

(5) 杀灭麦芽汁中的乳酸菌等杂菌，以免发酵时产生酸败现象。

(6) 蒸发去除如酒花油、香叶烯等挥发性的异味物质。

(7) 在麦芽焙焦和麦芽汁煮沸时形成的糖蛋白聚合物，是构成啤酒泡沫的主要成分之一。

(8) 麦芽汁在加热煮沸过程中生成类黑精等还原性物质，它们能增强啤酒的香气、泡沫持久性及胶体稳定性。原麦芽汁的煮沸在煮沸锅中进行。

具体操作：用泵将过滤好的麦芽汁打入煮沸锅，调节升温速度，麦芽汁沸腾时开始计时，煮沸时间 90min，煮沸 10min、30min 和沸终前 10min，分别添加苦型、苦型和香型酒花，加入量分别为 0.01%、0.03%和 0.02%。控制沸终麦汁浓度。

6. 麦芽汁热凝固物的去除

在麦芽汁用于发酵之前，先要去除热凝固物和冷凝固物。现在都使用回旋沉淀槽去除热凝固物。用麦芽汁泵将使用酒花的麦芽汁煮沸，以较高的线速度沿回旋沉淀槽的槽壁切线方向泵入槽内，形成一个快速旋转的漩涡，任何颗粒物质都会快速沉积于槽底中央，使固液分离，得到清麦芽汁。被除去的固形物，主要是变性凝固的蛋白质、多酚与蛋白质的不溶性复合物、酒花树脂、无机盐和其他有机物。麦芽汁进口管的位置设在距槽底 1/3 处。槽内收集到的清麦芽汁，其积聚高度允许为槽身圆柱体直径的 0.8~1 倍。在离槽底 2/3 处、1/3 处和底部各有 1 个放料，送麦芽汁去冷却时，应自上而下从各放料口排放麦芽汁。

7. 麦芽汁冷却

麦芽汁冷却的目的主要是使麦芽汁达到主发酵最适宜的温度，同时，使大量的冷凝固物析出。麦芽汁冷却，使用薄板冷却器。冷却结束后，可用无菌压缩空气将薄板冷却器中的麦芽汁顶出。整个冷却操作，要防止外界杂酒污染。

8. 麦芽汁冷凝固物的去除

冷凝固物又称细凝固物，其成分与热凝固物相似，但是以 β-球蛋白及其分解产物多酚物质等的复合物为主，这种热溶性的复合物，在低温下则会逐步析出、沉淀，温度越低，其析出量越大。冷凝固物的去除，采用自然沉降法。从添加酵母开始，经发酵直至贮酒结束，分段依靠冷凝固物的自然析出和沉淀，而将冷凝固物除去。

9. 麦芽汁通氧

在啤酒的发酵过程中，前期是有氧呼吸，主要是酵母细胞的增殖，后期则是厌氧发酵，酵母细胞利用麦芽汁中的营养成分生成酒精、杂醇油和有机酸等。在 6℃以下，对 12°P 冷麦芽汁通入无菌空气使之饱和溶解。在通常情况下，溶解氧达到 8mg/L 就可满足酵母增殖需要。溶解氧不足，会阻滞酵母的增殖，导致发酵缓慢，发酵不完全；溶解氧量太高，发酵过于旺盛，会消耗大量的还原性物质。冷麦芽汁中溶解氧的量与以下因素有关：

（1）温度低的比温度高的吸氧多。

（2）暴露于空气的表面积越大，吸氧越多。

（3）麦芽汁浓度低的比麦芽汁浓度高的吸氧多。

（4）充气时注入压力高，麦芽汁吸氧就多。用于充氧的空气必须经过无菌处理。

通氧操作也带来不良的后果：啤酒花树脂、啤酒油以及单宁等多酚物质被氧化，使啤酒苦味变得粗糙并产生后苦，同时麦芽汁色度也变深。

五、发酵过程

发酵过程是将过滤好的麦芽汁通过接种接入酵母，把麦芽和大米中水解的糖分发酵成啤酒，产生酒精、二氧化碳和其他微量发酵产物的过程。总体包括两个过程：

1. 主发酵阶段

主发酵又称前发酵，是啤酒整个发酵过程的前阶段。主发酵过程中物质的代谢主要包括了以下几类：(1)糖的代谢；(2)氨基酸的代谢与高级醇的生成；(3)二氧化碳和乙醇的生成；(4)酯的生成；(5)有机酸的生成及代谢；(6)硫化物的生成及代谢；(7)双乙酰的生成及消失；(8)醛的生成。主发酵过程中的管理主要为温度控制和外观发酵度的测定。在正常情况下，主发酵结束后，发酵液的发酵度应在50%~60%之间，过高或过低均对啤酒的质量不利。

根据发酵液表面现象的不同，可以将整个主发酵过程分为5个阶段：

(1) 酵母繁殖期：麦芽汁添加酵母8~16h后，液面出现CO_2气泡，逐渐形成白色、乳脂状泡沫。酵母在繁殖20h后，即可进入主发酵阶段。此时，麦芽汁中的溶解氧已经基本被酵母消耗完，开始厌氧发酵。

(2) 起泡期：在进入主发酵4~5h后，在麦芽汁表面逐渐出现更多的泡沫，由四周渐渐涌向中间，外观洁白细腻。此时，发酵温度每天上升0.5~0.8℃，耗糖0.3~0.5°P，维持1~2天。

(3) 高泡期：发酵3天之后，泡沫增高，形成卷曲状隆起，麦芽汁颜色转为黄棕色，此时为发酵旺盛期，热量大量释放，需要及时降温，不能超过发酵的最高温度9℃。但要注意，降温需要缓慢进行，否则会引起酵母的早期沉淀，影响正常发酵。此阶段，每天降糖1.5°P，维持时间一般为2~3天。

(4) 落泡期：发酵5天后，发酵力逐渐减弱，CO_2气泡减少，泡沫回缩，析出物增多，泡沫由黄棕色变为棕褐色。发酵液每天温度下降0.5℃，耗糖0.5~0.8plato度(°P)，一般维持时间2天左右。

(5) 泡盖形成期：发酵7~8天后，酵母大部分沉淀，泡沫回缩，形成一层褐色苦味的泡盖，集中在液面。每日耗糖0.2~0.5°P，控制降温0.5℃/d左右，下酒品温应在4.0~5.5℃。

(6) 技术要求如下：

① 主发酵温度：啤酒发酵是采用变温发酵，发酵温度是指主发酵阶段的最高温度。下面啤酒发酵温度为7~15℃。采用低温发酵工艺的主发酵起始温度为5~7℃，一般为6.5~7℃，发酵最高温度因菌种不同和麦芽汁成分的不同而不同，一般在8~10℃。

② 糖度：每批麦芽汁都要取样测定最终发酵度和最终糖度。发酵期间要取第三天的发酵液(高泡酒)，放在避光处，室温下发酵三天，每天摇动一次，三天后测其糖度。主发酵结束时应剩余可发酵糖1.5%，以供酵母在后发酵时使用。对于12°P啤酒，发酵最终糖度应为2.4°P，因此下酒糖度则为2.4%+1.5%=3.9%，下酒外观发酵度为：(12-3.9)÷12×100%=67.5%。

③ 发酵时间：发酵时间的长短，发酵温度的高低，与麦芽汁成分、酵母发酵力和还原双乙酰能力有关。在酵母菌种、麦芽汁成分和一定的发酵度要求下，发酵时间主要取决于发酵温度。发酵温度低，则发酵时间长，反之，则时间短。低温长时间的主发酵可使发酵液均衡发酵，pH 值下降缓慢，酒花树脂与蛋白微量析出而使啤酒醇和，香味好，泡沫细腻持久。10~12°P 啤酒一般主发酵时间为 6~8 天。

④ pH 值：酵母发酵的最适 pH 值为 5~6，过高或过低都会影响啤酒发酵速度和代谢产物的种类、数量，从而影响啤酒的发酵和产品质量。

⑤ 罐压：在一定的罐压下，酵母增殖量较少，代谢副产物形成量少。压力一般在 0. 08~0. 2MPa。

2. 后发酵阶段

后发酵也称为啤酒的后熟或储藏阶段。后发酵过程中继续进行了糖的代谢，双乙酰的还原等物质变化。在这一阶段，要对发酵罐进行封罐和降温的操作。

六、啤酒的过滤与包装

采用硅藻土过滤法。将硅藻土和啤酒的混合液用泵送入滤板，在滤板表面形成厚度为 1~3. 5mm 的涂层，接着在啤酒中加入粗粒各半的硅藻土，在用泵送入滤板，使形成涂层。每次硅藻土的用量为 400~500g/m^2。涂层形成后，再送入硅藻土含量为 0. 8~3g/L 的啤酒与硅藻土混合液，起初流出的酒液不清，应返回重滤，待滤液澄清后方能将滤液送入清酒罐。

过滤期间的压差为每 1h 上升 20~40kPa，待压力达到 300~400kPa 时，即停止过滤。先用水将硅藻土中的啤酒洗涤出来，然后打开过滤机将硅藻土冲掉，再重新安装备用。

七、啤酒的质量指标

1. 啤酒的主要成分

啤酒的主要成分是水和酒精，除此之外，还有 400 多种不同的物质。啤酒的主要化学组成如下：

（1）酒精

各种啤酒的酒精含量不都相同，主要由原麦汁浓度和啤酒发酵度决定，一般为 2. 9%~4. 1%(体积)。

（2）二氧化碳

啤酒中的二氧化碳含量，取决于储酒压力。一般啤酒的二氧化碳含量为 3. 5~6. 5g/L。

（3）糖类

麦芽汁经发酵后，只有微量的糖残留在啤酒中。啤酒的含糖量用葡萄糖表示，一般为0.9%~3%，而在麦芽汁制备过程中使用酶制剂的啤酒，其糖含量在0.4%~0.9%。啤酒中除葡萄糖外，还含有低聚糖和微量其他可发酵性糖。

（4）含氮物质

麦芽汁中的含氮物质，经发酵，一部分低分子含氮物被酵母同化，一部分高分子蛋白质则随温度和pH值的下降而析出。啤酒中残留的含氮化合物为300~900mg/L。

（5）非挥发性成分

啤酒中的非挥发性成分主要有甘油（1.5~3.5g/L）、脂类（0.5mg/L）、高级脂肪酸（0.5mg/L）、多酚（80~160mg/L）和酒花树脂（30~40mg/L）。

（6）挥发性成分

啤酒中的挥发性成分有高级醇（100~200mg/L）、酯类（2.5~40mg/L）、酸类（1.5mg/L左右）、醛类（48mg/L左右）、酮类（3mg/L左右）、双乙酰（0.1~2mg/L）和硫化物（15~150g/L）。

（7）维生素

主要含B族维生素，如生物素、泛酸、维生素B_{12}、烟酸、吡多醇、维生素B_2、维生素B_1和叶酸等。

2. 啤酒的质量指标

（1）啤酒应清亮透明，没有明显的悬浮物和沉淀物。当注入洁净的玻璃杯中时，应有泡沫升起，泡沫洁白，较持久。有酒花香气，口味纯正，无异香异味。

（2）理化指标

酒精含量≥3.5%，原麦芽汁浓度：12%±0.2%，真正发酵度≥6%，色度（EBC单位）：5.0~12，pH为4.1~4.6，总酸≤2.7mL，二氧化碳≥0.35%，双乙酰≤0.2mg/L，苦味质：15~40BU。

（3）保存期

12°P瓶装鲜啤酒的保存期在7d以上，熟啤酒在60d以上。

（4）卫生指标

① 理化指标：二氧化硫残留量以游离二氧化硫计，必须低于0.05g/kg。黄曲霉素B_1必须低于5μg/kg。

② 细菌指标：熟啤酒中细菌总数必须少于50个/mL，其中大肠菌数规定100mL熟啤酒中不得超过3个，而鲜啤酒中不得多于50个。

八、啤酒的稳定性

1. 啤酒的生物稳定性

啤酒由于其pH值在3.8~4.5有较强的酸性，一般不耐酸的微生物不能生长，又因为啤酒的二氧化碳浓度高，创造了厌氧环境，好氧微生物难以生存，再加上啤酒中酒花的成分具有抑菌作用，所以经过巴氏消毒灭菌法灭过菌的熟啤酒，微生物不会在成品啤酒中增殖引起生物混浊。

2. 啤酒的非生物稳定性

成品啤酒是澄清透明的胶体溶液，含有蛋白质、多肽、糊精、β-葡聚糖、多酚、酒花树脂。在光线、氧气等作用下，这些大分子物质会发生化合、聚合，引起啤酒混浊甚至析出沉淀，这种因非生物因素发生啤酒质量变坏的现象，称为非生物稳定性破坏或称为非生物混浊。

蛋白质引起的混浊：①热凝固混浊；②冷雾浊；③氧化混浊；④铁蛋白混浊。

蛋白混浊的防止：啤酒中存在相对分子质量几千至数万的各种含氮物，它们赋予啤酒口味醇厚性、柔和性、亲润性以及啤酒泡沫持久性和泡沫挂杯性。但是由于储存期间各种因素的影响，蛋白质会聚合析出，使啤酒质量变坏。防止蛋白混浊的方法，主要是减少啤酒中大相对分子质量含氮物的数量，去除形成沉淀的基础物质。

九、啤酒质量的品评

参见国家啤酒质量标准 GB/T 4928—2008《啤酒分析方法》。

1. 外观

啤酒的外观包括色泽、透明度和泡沫。

(1) 色泽、透明度

啤酒是一种近胶体溶液，刚过滤出的啤酒由于固体颗粒微小，肉眼看不到，包装储存一定时间后由于温度、氧化、啤酒成分等的影响，啤酒中的蛋白质、多酚物质等经氧化聚合作用逐步转变成肉眼可见的悬浮物或沉淀物，而使啤酒出现混浊、失光、沉淀等现象。啤酒的透明度一般用浊度仪测定，要求小于 2. 0EBC。

(2) 泡沫

当啤酒倒入杯中时，泡沫应高而持久、洁白、细腻、挂杯，泡沫持久应达 4min 以上。良好的泡沫性能必须表现在泡沫持久性长，泡沫体积大，附着力(挂杯性能)强，细腻洁白。

2. 香气

当啤酒倒入杯中时，嗅之有明显酒花香气，没有生酒花味和老化气味及其他异香。优良的啤酒应该口味纯正、柔和，并具特有的耐人寻味的芳香，使人饮后有清爽舒适的感觉。

3. 口味

口味应纯正、爽口、醇厚等。

啤酒的基本特性包括色、香、味、二氧化碳气的刺激、泡沫等。啤酒口感要求口味纯正爽口，酒体协调柔和。发酵度高的啤酒口味淡爽，发酵度低的啤酒口味醇厚。要求各种呈味物质含量不能太高、比例应适当。啤酒的苦味应具有消失快、无后苦的特性。

十、啤酒质量指标——酒精度测定

（一）原理

利用在20℃时酒精水溶液与同体积纯水质量之比，求得相对密度（以 d_{20}^{20} 表示）。然后，查表得出试样中酒精含量的百分比，即酒精度，以%（V/V）或%（m/m）表示。

（二）仪器

1. 全玻璃蒸馏器：500mL；
2. 恒温水浴：精度±0.1℃；
3. 容量瓶：100mL；
4. 移液管：100mL；
5. 分析天平：感量0.1mg；
6. 天平：感量0.1g；
7. 附温度计密度瓶：25mL或50mL；
8. 数字密度计和注射器。

（三）实验步骤及方法

1. 容量法

（1）蒸馏

用100mL容量瓶准确量取试样100mL，置于蒸馏瓶中，用50mL水分三次冲洗容量瓶，洗液并入蒸馏瓶中，加玻璃珠数粒，装上蛇型冷凝管，用原100mL容量瓶接收馏出液（外加冰浴），缓缓加热蒸馏（冷凝管出口水温不得超过20℃），收集约96mL馏出液（蒸馏应在30~60min内完成），取下容量瓶，调节液温至20℃，补加水定容，混匀，备用。

（2）测量A

将密度瓶洗净、干燥、称量，反复操作，直至恒重。

将煮沸冷却至15℃的水注满恒重的密度瓶，插上带温度计的瓶塞（瓶中应无气泡），立即浸于（20±0.1）℃的恒温水浴中，待内容物温度达20℃，并保持5min不变后取出。用滤纸吸去溢出支管的水，立即盖好小帽，擦干后，称量。

（3）测量B

将水倒去，用馏出液反复冲洗密度瓶三次，然后装满，按（1）同样操作。

试样馏出液（20℃）的相对密度按下式计算：

$$d_{20}^{20}=\frac{m_2-m}{m_1-m}$$

式中 d_{20}^{20}——试样馏出液(20℃)的相对密度；

m_2——密度瓶和馏出液的质量，g；

m——密度瓶的质量，g；

m_1——密度瓶和水的质量，g。

根据相对密度 d_{20}^{20} 查 GB/T 4928—2008《啤酒分析方法》的附录 A，得到馏出液的酒精度[%(体积)或 g/100mL]，即为啤酒试样的酒精度[%(体积)或 g/100mL]，所得结果保留小数点后两位。

2. 重量法

(1) 蒸馏

称取制备好的试样 100g，精确至 0.1g，全部移入 500mL 已知质量的蒸馏瓶中，加水 50mL 和数粒玻璃珠，装上蛇型冷凝器(或冷却部分的长度不短于 400mm 的直型冷凝器)，开启冷却水，用已知质量的 100mL 容量瓶接收馏出液(外加冰浴)，缓缓加热蒸馏(冷凝管出口水温不得超过 20℃)，收集约 96mL 馏出液(蒸馏应在 30～60min 内完成)，取下容量瓶，调液温至 20℃，然后补加水，使馏出液质量为 100.0g(此时总质量为 100.0g+容量瓶质量)，混匀(注意保存蒸馏后的残液，供做真正浓度用)。

(2) 测量 A 和测量 B

同容量法的测量 A、测量 B。

(3) 计算试样馏出液(20℃)相对密度

根据相对密度 d_{20}^{20} 查 GB/T 4928—2008 附录 A，得到馏出液的酒精度[%(质量)]，即为啤酒试样的酒精度[%(质量)]。所得结果保留小数点后两位。

(四) 允许差

同一试样两次测定值之差不得超过平均值的 1%。

十一、啤酒质量指标——原麦汁浓度(蒸馏-密度法)测定

(一) 原理

以蒸馏-密度法测出啤酒试样中的真正浓度和酒精度，按经验公式计算出啤酒试样的原麦汁浓度；或用仪器法直接自动测定、计算、打印出样品的真正浓度及原麦汁浓度。

(二) 仪器

同上述酒精度测定实验。

(三) 实验步骤及方法

试样的制备：将重量法(在已知重量的蒸馏烧瓶中)蒸馏除去酒精后的残液，冷却至 20℃，准确补加水使残液至 100.0g，混匀。

或用已知质量的蒸发皿称取试样 100.0g，精确至 0.1g，于沸水浴上蒸发，直至原体积的 1/3，取下冷却，加水恢复至原质量，混匀。

试样的测定：用密度瓶或密度计测定出残液的相对密度。查 GB/T 4928—2008《啤

酒分析方法》中的附录 B 中的表 B_1，求得 100g 啤酒试样中浸出物的克数(g/100g)，即为啤酒的真正浓度，以 plato 度(°P)或%(质量)表示。

具体实验步骤及方法同上述酒精度测定实验。

(四) 实验数据处理

根据测得的酒精度和真正浓度，按下式计算原麦汁浓度：

$$X=\frac{(A\times 2.0665+E)\times 100}{100+A\times 1.0665}$$

式中　X——原麦汁浓度,°P[%(m/m)]；

A——酒精度,%(m/m)；

E——真正浓度,°P[%(m/m)]。

或查 GB/T 4928—2008 附录 B 中的表 B_2，原麦汁浓度按下式计算：

$$X=2\times A+E-b$$

式中　X——原麦汁浓度,°P[%(m/m)]；

A——酒精度,%(m/m)；

E——真正浓度,°P[%(m/m)]；

b——校正系数。

所得结果保留小数点后一位。

实验十一　Kolbe 法合成水杨酸

一、实验目的

1. 掌握以苯酚为原料制备水杨酸的路线和工艺；
2. 掌握高压釜的使用方法和注意事项；
3. 掌握苯酚成盐、Kolbe-Schmidt 反应、羧酸钠盐酸化等过程特点；
4. 掌握工业上温度与压力的测定、显示与控制；
5. 学习薄层层析、红外光谱和核磁共振分析有机物结构的相关技术；
6. 学习紫外分光光度计的使用方法。

二、实验原理

水杨酸最早是从柳树皮的提取物中得到的，所以又名“柳酸”。1859 年 Kolbe 使用干燥的苯酚钠盐粉末和二氧化碳在 4~7atm(1atm=101.3kPa)下反应，低成本制得了水杨酸。随后便发展成为目前工业上广泛使用的 Kolbe 水杨酸合成法。

水杨酸是一种含有双官能团的化合物，即酚羟基和羧基。羟基和羧基都能发生酯化，而且还可以形成分子内氢键，从而阻碍酰化和酯化反应的发生。水杨酸是最早的助焊剂原料之一，是合成电子化学品、医药、香料、染料和橡胶助剂等精细化学品的重要原料。它既可作为消毒防腐药，有溶解皮肤角质的作用，治疗局部角质增生及皮肤霉菌感染；又能当作合成药物阿司匹林的原料，阿司匹林具有解热及抗风湿、镇痛等疗效。

以苯酚为原料制备水杨酸的工艺包括成盐反应、羧化反应和酸化反应过程，反应式如下：

1. 成盐反应

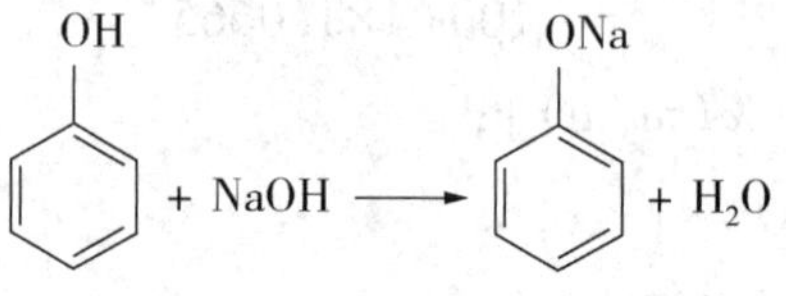

2. 羧化反应

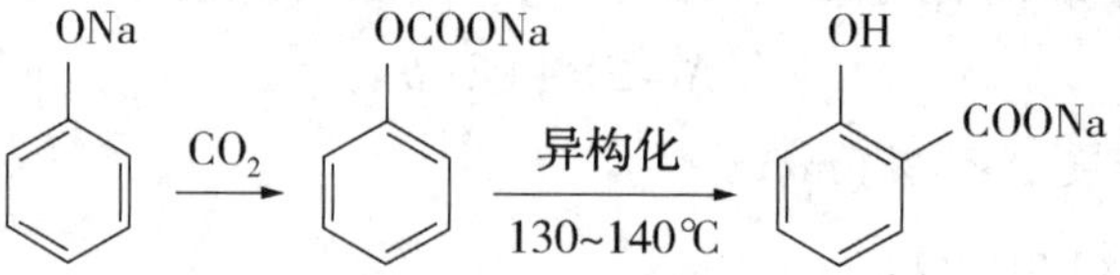

3. 酸化反应

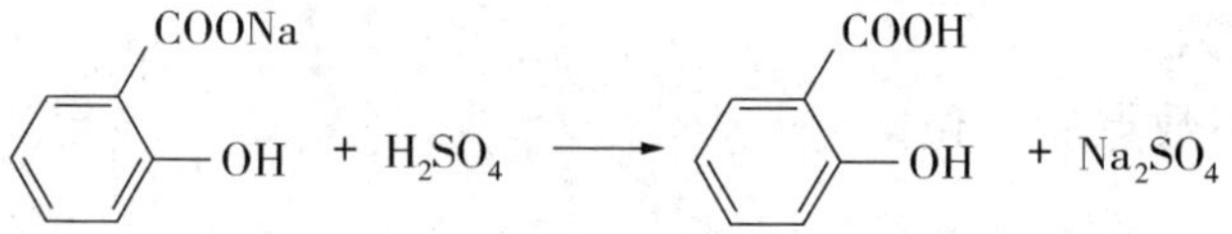

三、实验原材料

实验原材料为：苯酚，化学纯；氢氧化钠，化学纯；二甲苯，化学纯；二氧化碳，99%；硫酸，化学纯。

四、工艺流程图及试验步骤

制备水杨酸的工艺包括成盐工段、羧化工段和酸化工段，以及溶剂回收工段(本实验溶剂回收工段步骤略)，如图 4-5~图 4-7 所示。按反应工段顺序，具体操作步骤如下：

1. 成盐反应工段

(1) 在配料桶内配制苯酚(1200g)-氢氧化钠(500g)(摩尔比1∶1.02)-水(5kg)的溶液，搅拌均匀，备用。

(2) 采用真空将溶剂二甲苯(20L)抽入高位槽中，打开高位槽底阀，放二甲苯到成盐反应釜中。

(3) 打开成盐反应釜的搅拌，将上述水溶液加入成盐反应釜中。通蒸汽加热，温度控制在 95℃左右，回流 1h 后。将釜温升至 135℃，以二甲苯为夹带剂共沸脱水(常压共沸点为 92℃，共沸物含水量 37.5%)至分水器中。分水器下层为水，排出；上层二甲苯返回反应釜中。

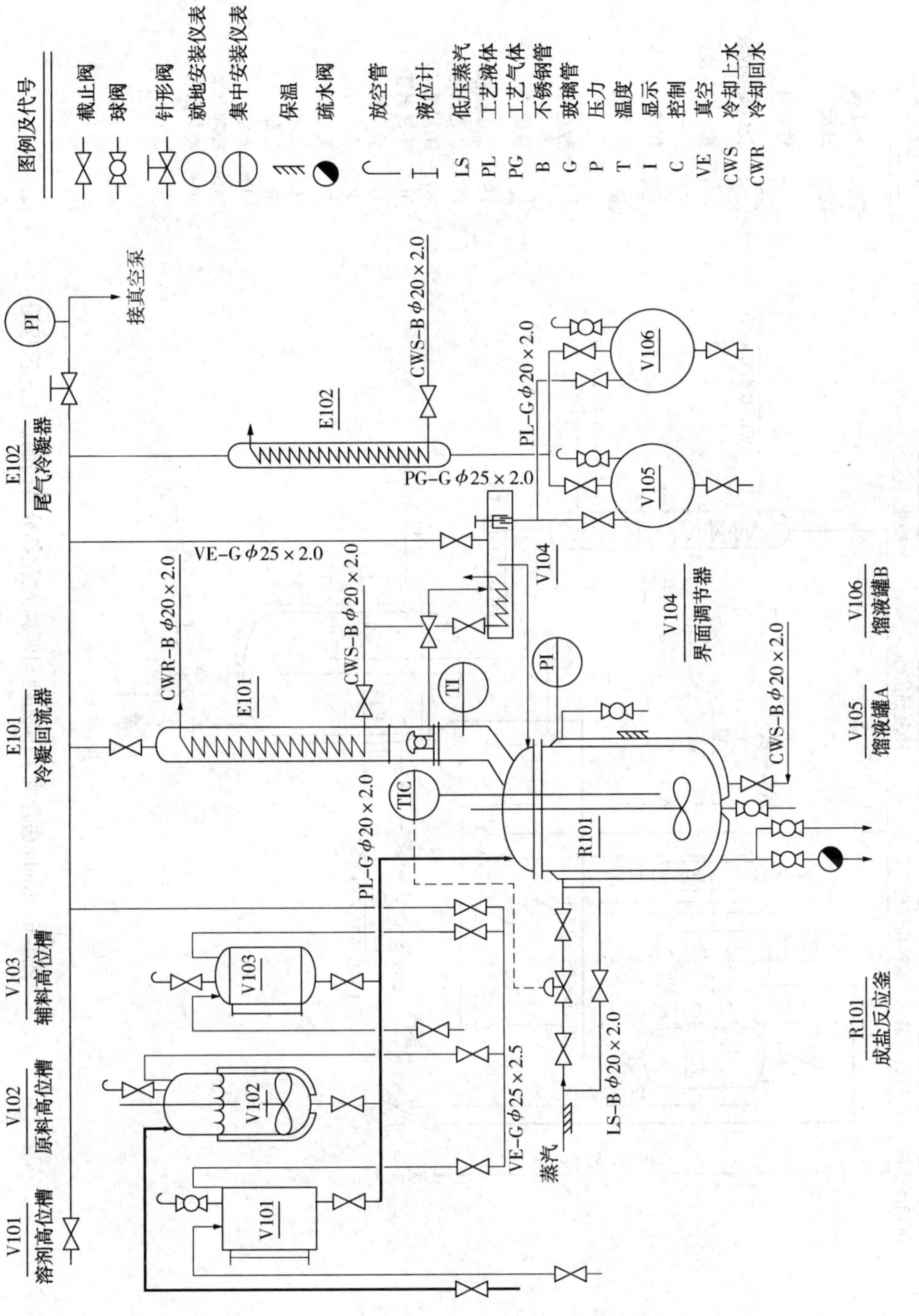

图4-5　Kolbe法合成水杨酸(阿司匹林)酚化部分(即成盐工段)带控制点工艺流程图

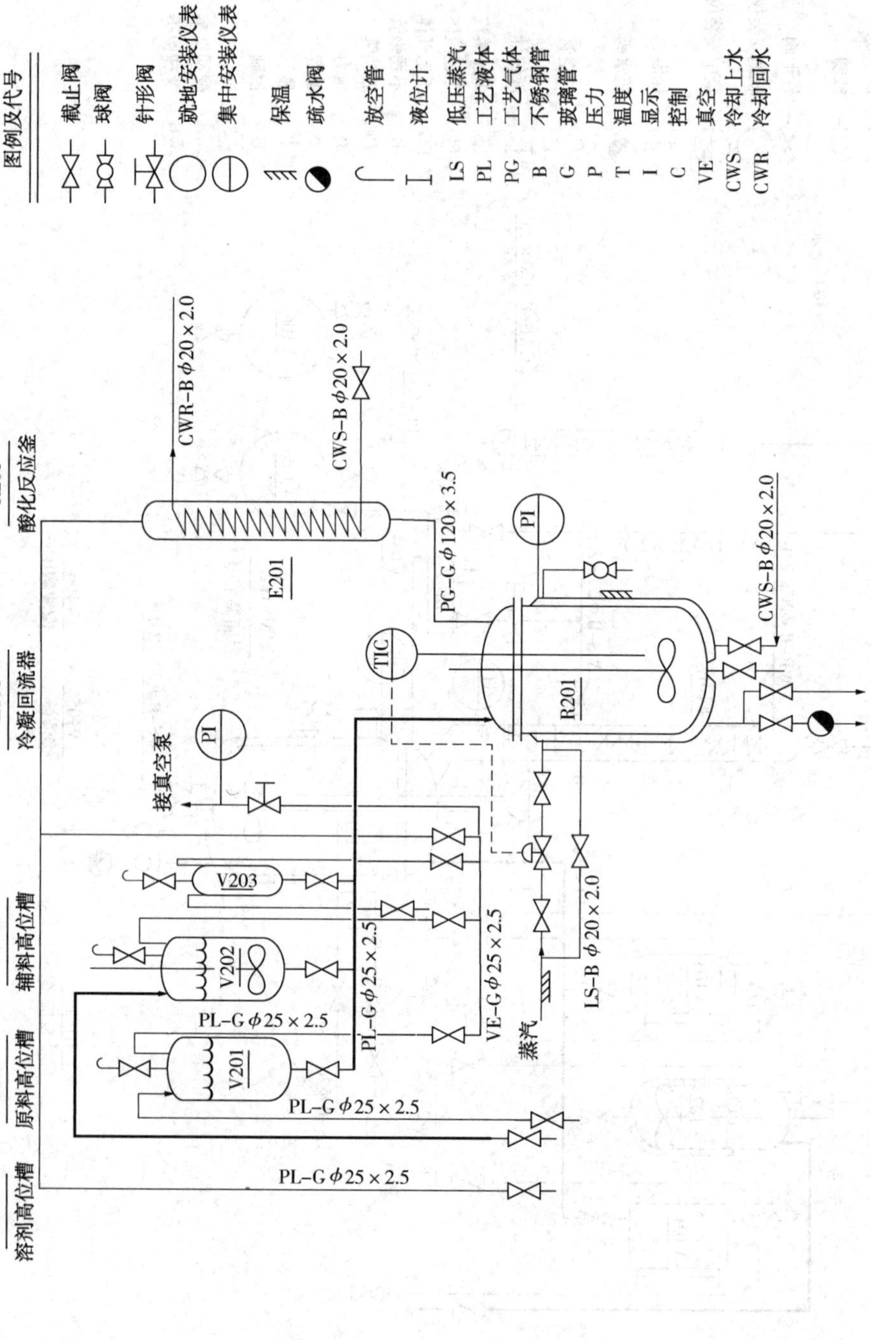

图4-6 Kolbe法合成水杨酸(阿司匹林)酸化部分带控制点工艺流程图

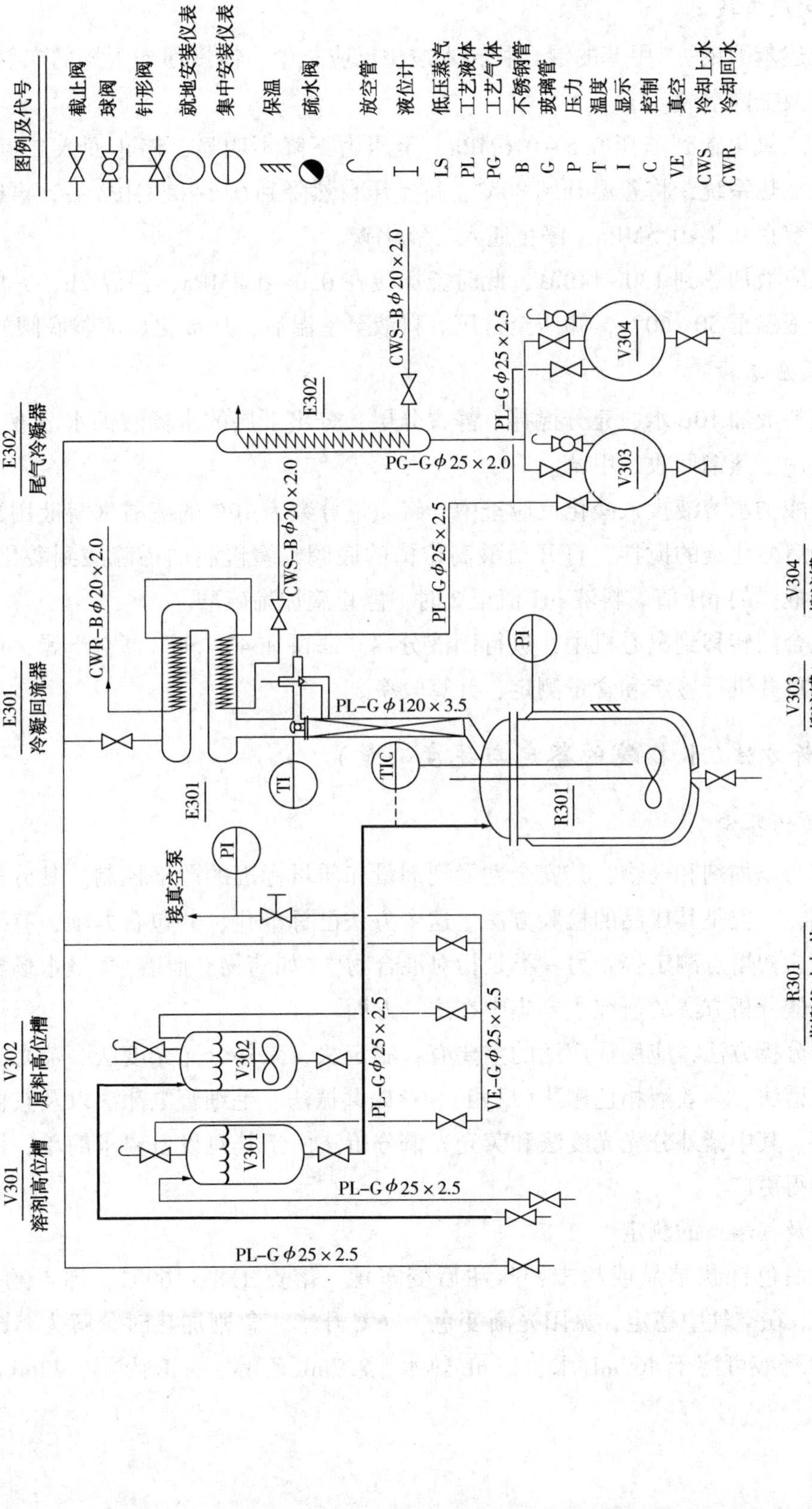

图4-7　Kolbe法合成水杨酸(阿司匹林)溶剂回收部分带控制点工艺流程图

(4) 反应结束后，停蒸汽，开循环水降温冷却，待釜温降至40℃以下后，开启成盐反应釜釜底阀，将物料放入苯酚钠储罐用于羧化反应。

2. 羧化反应工段

(1) 将上述苯酚钠-二甲苯的混合物转入羧化反应釜中，慢慢通入干燥的二氧化碳，排空3次以置换釜内空气。

(2) 通入二氧化碳到釜压0.5~0.6MPa，至压力下降不明显，停止通入二氧化碳，开启导热油电加热系统，将釜温升到80℃，待釜压自然降到0.2~0.3MPa后，再通二氧化碳到釜压稳定在0.4~0.5MPa，停止通入二氧化碳。

(3) 将反应液加热到130~140℃，此时釜压应在0.6~0.8MPa，保温2h，完成羧化反应。然后降釜温至50~60℃，卸压至常压。料液至室温后，从羧化反应釜底阀放出。

3. 酸化反应工段

(1) 上述料液加10L水，充分搅拌。静置分层，分出下层的水杨酸钠水溶液。上层二甲苯混合液用于蒸馏回收二甲苯。

(2) 水杨酸钠水溶液投入酸化反应釜中。将质量分数为10%的硫酸水溶液用真空抽入高位槽。开启酸化釜的搅拌，打开硫酸高位槽的底阀，缓慢滴加稀硫酸到酸化釜中，边加边测釜内液体的pH值。料液pH值至2时，停止滴加稀硫酸。

(3) 将混合液转移到离心机中，进行固液分离。滤饼在45~50℃真空干燥，得到产品水杨酸，称重并进行鉴定和含量测定，计算收率。

五、分析方法(水杨酸的鉴定与纯度测量)

1. 水杨酸的鉴定

水杨酸作为添加剂和药物，其安全性受到剂量和质量标准的严格控制。其分析方法一般分为两类，一类是其成品的检验方法。这个方法已标准化，共包含九项，有外观检验、含量测定、初熔点测定等。另一类是指对混合物中(如药物、血液)微量水杨酸的测定，目前水杨酸分析方法的研究主要集中在这一方面。

水杨酸的分析方法，应用最广泛的主要有：滴定法、紫外分光光度法、荧光光谱分析法、气相色谱法、高效液相色谱法(反相)、核磁共振法、毛细管电泳法以及它们之间的联用方法等。其中紫外分光光度法和荧光光谱分析法由于其对设备要求简单，操作简便快速而应用得更广。

(1) 外观及其熔点的测定

水杨酸为白色针状结晶或粉末，味甜后变辛辣。熔点158~160℃，沸点约211℃(20mm汞柱)。在空气中稳定，见阳光渐变色，76℃升华，急剧加热时分解为苯酚及二氧化碳。1g水杨酸可溶于460mL水、15mL热水、2.7mL乙醇、3mL丙酮、42mL氯仿、

3mL 醚、135mL 苯和 52mL 松节油。当有磷酸钠、硼砂、乙酸碱或柠檬酸碱存在时，能增加其在水中的溶解度。其饱和水溶液 pH 值为 2.4；与三氯化铁水溶液生成特殊的紫色。

观察水杨酸粗品的外观、颜色。取升华过的水杨酸精品用 b 型管进行熔点测定（样品应先在 60~65℃干燥 2h）。

（2）薄层层析鉴定

取 6g 硅胶 G，加入 11mL 水混匀后，均匀平铺在约 12cm×3.5cm 的玻璃板上。在室温下晾干后，于烘箱中 105℃活化 1h。备用。

将精制水杨酸及水杨酸标准品用少量乙醇溶液溶解，用内径约 0.5mm、管口平整的毛细管点样。点样时原点距离底边、距离两侧边以及点与点之间的距离均应大于 1.5cm。点样量以 30~50μg 为宜，斑点直径不超过 3mm。

以氯仿-乙醇-水（配比为 7.5：1：0.5）作为展开剂，展开一段时间后取出晾干。在层析板上喷 0.5%的三氯化铁溶液显色，观察斑点位置并计算 R_f 值。

操作时应注意：层析板浸入展开剂的下端高度不应超过 0.5cm；须令层析缸内的展开剂达到饱和后，再行展开，否则会产生边缘效应，使误差变大。

（3）红外谱图鉴定

用溴化钾压片法对精品水杨酸进行红外谱图鉴定。扫描波长范围为 3700~400cm^{-1}。如图 4-8 所示。

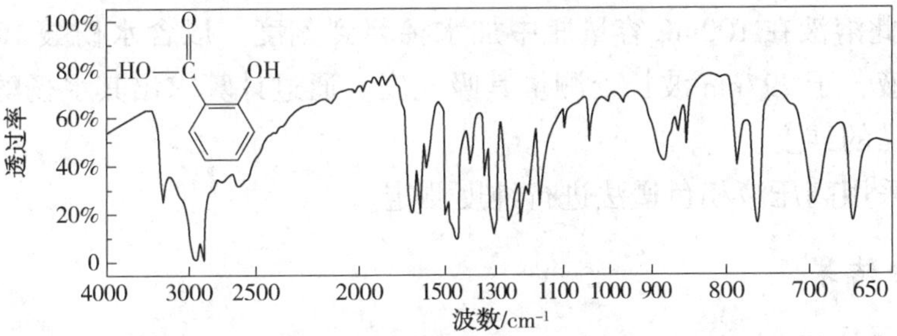

图 4-8　水杨酸的红外谱图

要获得一张理想的红外光谱谱图，除了有一台好的红外光谱仪，还要注意制备样品的方法和技术。

制备样品时特别要注意三点：①样品中不应含游离水，因为水的存在不仅会损坏吸收池，还会干扰试样的吸收面貌；②样品纯度要高，若含杂质，就会导致它们的光谱重叠，无法分析；③样品的浓度和测试厚度要适当，如控制吸收峰的透射率大都处于 20%~60%范围内，就能得到很好的谱图。

通常制备固体样品常用压片法和糊状法。

所谓压片法，是将 1mg 左右的固体样品与 100mg 左右的 KBr 混合均匀，在玛瑙研钵中研成 2μm 左右的细粉，装填在压膜上下垫片之间，而后在油压机上压成透明的薄片

(ϕ13mm)，将此薄片放在固体样品吸收池中进行测定。由于KBr极易吸潮，所以要特别注意从制样到获得谱图全过程的干燥操作。

糊状法是指将研细的样品加几滴液体石蜡油或氟化煤油等糊剂在玛瑙研钵中研成糊状，涂到可拆的液体吸收池的盐片上，再盖上另一盐片，制成均匀的薄层用于测定。

固体样品也可以将其配制成溶液进行测定，其测定方法与液体样品测定法相同。配制溶液时溶剂的选择很重要，一般要求溶剂：①对固体样品有较大的溶解度；②具备在红外光区域内透明；③对固体样品不发生强的溶剂效应；④与固体样品特征峰不重叠以及不腐蚀吸收池的盐片。通常用CS_2、CCl_4和$CHCl_3$等作溶剂，视样品而定。溶液的浓度多配成0.05%~1.0%。

液体(含溶液)样品通常使用可拆吸收池。将样品滴在盐片上再盖上另一盐片，借助拧紧吸收池架上的螺丝来夹紧两盐片，使样品形成一薄膜，因此，液体样品法又称薄膜法。

2. 水杨酸的纯度测量

采用紫外分光光度法对水杨酸样品进行纯度检测。

精密吸取水杨酸标准液(1mg/mL)各1.00mL、1.25mL、1.50mL、1.75mL、2.00mL，置于100mL容量瓶中，用水稀释至刻度，摇匀，制成浓度为10μg/mL、12.5μg/mL、15μg/mL、17.5μg/mL、20μg/mL的溶液，以含水杨酸10μg/mL的标准液为空白参比液，于297nm波长处测量其吸光度，绘出吸光度与水杨酸浓度的关系图，并求得它的回归方程。

精确称取0.100g水杨酸样品，置于100mL容量瓶中，用蒸馏水稀释至刻度，再精确吸取1.5mL此溶液在100mL容量瓶中加水稀释到刻度。以含水杨酸10μg/mL的标准液为空白参比液，于297nm波长处测量其吸光度。通过计算求出其水杨酸的含量，借此得到水杨酸样品的纯度。

另外也可采用高压液相色谱法进行纯度测定。

六、实验结果

1. 水杨酸的外观：________；熔点：________℃；

2. 水杨酸的薄层层析分析结果：

　　红外光谱分析结果：

　　核磁共振分析结果：

3. 水杨酸的纯度：

七、思考题

1. 苯酚成盐反应，反应过程中为什么要用二甲苯共沸脱水？如果改用苯甲醇，或氯苯是否可以？

2. Kolbe-Schmidt反应生成的为什么是羧酸盐，而不是酚钠？

3. 红外光谱分析的原理是什么？制备样品应注意哪些问题？

参 考 文 献

[1] 孟广海，杜慧聪，杨建斌，等. 生物柴油研究进展[J]. 精细与专用化学品，2024，32(11)：46-51.

[2] 郑婧迪，陶爽，周瑞，等. 高分散固体碱高效催化制备无甘油生物柴油[J]. 现代化工. 2024，49(10)：118-124.

[3] 张颖，杨依萱，陆丙甲，等. 酯交换法生物柴油的研究现状及进展[J]. 天津化工. 2024，38(1)：13-15.

[4] 占莎，王红梅，杨永坤. 浅析双碳战略背景下农业生物基材料产业发展路径[J]. 农业科技管理. 2024，43(3)：75-78.

[5] 吴江明. 双碳目标与生物基新材料企业高质量发展研究[J]. 上海管理科学. 2023，45(3)：49-51.

[6] 孙旻希. 生物基功能碳材料：制备和应用[J]. 当代化工研究. 2024，15：179-181.

[7] K. Lin，Q. Chen，M. R. Gerhardt，等，Science，2015，349：1529-1532.

[8] J. Cao，M. Tao，H. Chen，等，J. Power Sources 2018，386：40-46.

[9] C. Wang，Z. Yang，Y. Wang，等，ACS Energy Lett. 2018，3：2404-2409.

[10] 胡华冲，鄂彬，陈善平，等. 直接甲醇燃料电池离网供电应用研究[J]. 电源学报，2024，22：143-149.

[11] 郭鹏，李红伟，李贵贤，等. 直接甲醇燃料电池阳极催化剂的失活机制及应对策略[J]. 化学进展，2024，43(7)：3812-3823.

[12] 季东，安欣，郭鹏，等. 直接甲醇燃料电池中碳基载体材料的研究进展[J]. 精细化工，2024，41(2)：269-276.

[13] 孙龙，李铃铃，杨娟，等. 构建 S 型异质结 COF/CdS 以增强太阳光产氢[J]. 催化学报. 2022，43(2)：350-358.

[14] 黄悦，梅飞飞，张金锋，等. 一维/二维 $W_{18}O_{49}$/多孔 g-C_3N_4 梯形异质结构建及其光催化析氢性能研究[J]. 物理化学学报，2022，38(7)：7-15.

[15] 梅子慧，王国宏，严素定，等. 微波辅助快速制备 2D/1D $Znln_2S_4$/TiO_2 S 型异质结及其光催化制氢性能[J]. 物理化学学报，2021，(6)：137-147.

[16] S. Wageh，A. Al-Ghamdi，徐全龙. 核壳 Au@ NiS_{1+x} 助催化剂实现高效 TiO_2 光催化制氢[J]. 物理化学学报，2022，38(7)：2202001.

[17] 崔玉民. 负载贵金属的 TiO_2 光催化剂的研究进展[J]. 贵金属，2007(3)：62-65.

[18] 孙文，杨珂. TiO_2 光催化剂改性研究进展[J]. 材料化学前沿，2020，8(4)：76-80.

[19] 乐清华. 化学工程与工艺专业实验[M]. 北京：化学工业出版社，2008.

[20] 刘忠民. 甲醇制烯烃[M]. 北京：科学出版社，2015.

[21] 樊红珍，孙晓伟. 甲醇制烯烃工艺[M]. 北京：化学工业出版社，2016.

[22] 李莎莎. 钴基电催化剂的结构设计、合成及其电催化性能[D]. 太原理工大学，2019.

[23] 向锐. 镍基一体化电解水电极研究[D]. 重庆大学，2019.

[24] 于晨. 自支撑钴镍基双金属复合催化剂的制备及电解水性能研究[D]. 广西大学，2020.

[25] 王辉. 新型氧化锌纳米材料的构筑及其电催化还原 CO_2 反应的研究[D]. 郑州大学，2021.

[26] 吴宁然，田恩麟，赵创源，等. 半导体纳米复合材料的制备及其光电催化 CO_2 还原[J]. 大学化学，

2020，35(4)：66-71.
[27] 韩博. 多重修饰氧化锌光电阴极催化二氧化碳还原[D]. 兰州大学，2018.
[28] 李泽洋，杨宇森，卫敏. 二氧化碳还原电催化剂的结构设计及性能研究进展[J]. 化学学报，2022，80(2)：199-213.
[29] 唐兰勤，贾茵，朱志尚，等. 光催化二氧化碳还原研究进展[J]. 物理学进展，2021，41(6)：254-263.
[30] 杜志强. 综合化学实验[M]. 北京：科学出版社，2005：64-68.
[31] 吴越. 催化化学[M]. 北京：科学出版社，1998：1039-1042.
[32] 兰永平，朱毅青，李为民，等. 超细镍基催化剂的制备及表征[J]. 石油学报(石油加工)，2011，27(5)：706-711.
[33] 和成刚，朱毅青，赖梨芳，等. 条状超细镍基负载型催化剂性能研究[J]. 工业催化，2010，18(4)：11-16.
[34] 朱毅青，彭琥，和成刚. 超细镍基负载型催化剂成型工艺条件研究[J]. 工业催化，2006，13(3)：40-44.
[35] 刘勇，李学宽，王建国. Ni-Cu/γ-Al_2O_3 催化剂上苯加氢制环己烷[J]. 石油化工，2004，33：861-863.
[36] 王玉清. 苯加氢制环己烷工艺及改进[J]. 化学工业与工程技术，2007，28(3)：44-46.
[37] 刘良红，傅送保，朱泽华，等. 苯加氢制备环己烷工艺进展[J]. 化工进展，2004，23(6)：673-676.
[38] 陶兴魁，陈军，张兴桃，等. 本科高校实训室啤酒生产酿造的实验综述报告[J]. 科技视界. 2019，7：115-117.
[39] 张亚萌，王金晶，钮成拓，等. 基因组重排选育优良发酵性能的高浓酿造啤酒酵母[J]. 食品与发酵工业. 2023，19：97-104.
[40] 孙军勇，徐凤，陆健. 啤酒生产用玉米淀粉指标体系的探讨[J]. 食品工业科技，2011，32(11)：496-499.
[41] 李铭，张致炜. 啤酒生产中溶解氧的控制[J]. 2011(4)：38-39.
[42] 王申军，马瑞杰，菅秀君，等. 水杨酸合成方法研究进展[J]. 齐鲁石油化工，2003(21)：21-26.
[43] 黄志军. 不同催化剂合成乙酰水杨酸比较研究[J]. 九江学院学报(自然科学版)，2015(4)：25-26.